I0045140

Hugo Wilhelm Conwentz

Untersuchungen über fossile Hölzer Schwedens

Hugo Wilhelm Conwentz

Untersuchungen über fossile Hölzer Schwedens

ISBN/EAN: 9783743315754

Hergestellt in Europa, USA, Kanada, Australien, Japan

Cover: Foto ©berggeist007 / pixelio.de

Manufactured and distributed by brebook publishing software
(www.brebook.com)

Hugo Wilhelm Conwentz

Untersuchungen über fossile Hölzer Schwedens

Ueberreicht vom Verfasser.

KONGL. SVENSKA VETENSKAPS-AKADEMIENS HANDLINGAR. Band 24. N:o 13.

UNTERSUCHUNGEN

ÜBER

FOSSILE HÖLZER SCHWEDENS

VON

H. CONWENTZ.

MIT 11 TAFELN.

Während der geologischen Landesaufnahme im Sommer 1887, wurden von Herrn Olof Holst in dem bei Ryedal im Kirchspiel Gammalstorp und an anderen Orten des südlichen Schwedens auftretenden Sandstein einige verkieselte Holzstücke aufgefunden, worüber er später eine vorläufige Mittheilung veröffentlicht hat.[1] Da man schon lange die massigen und sedimentären Geschiebe des norddeutschen Diluviums theilweise auf anstehende Gesteine in Schweden zurückführen kann, war hierdurch die Frage angeregt, ob wohl ein Theil unserer Geschiebehölzer von jenem Vorkommen herzuleiten sei. Ich wurde mit dieser Untersuchung betraut und unterzog mich derselben um so lieber, als ich früher schon wiederholt Gelegenheit gehabt hatte, Geschiebehölzer aus verschiedenen Theilen Deutschlands zu bearbeiten. Das mir übersandte Material genügte aber nicht zur Entscheidung jener Frage, und daher empfand ich den lebhaften Wunsch, selbst das Fundgebiet zu besuchen, um eine grössere und womöglich auch geeignetere Sammlung an Ort und Stelle zu Stande zu bringen. Mit einer namhaften Beihilfe der Königl. Preuss. Academie der Wissenschaften konnte ich die Reise dorthin im Herbst 1889 ausführen, und ich fühle mich gedrungen der genannten Academie hierfür meinen wärmsten Dank abzustatten. Nächstdem bin ich der mir vorgesetzten Behörde für den bereitwilligst ertheilten Urlaub ins Ausland, sowie für die zur Ausführung vorliegender Arbeit mir gewährte Musse, zu Dank verpflichtet.

Die gedachte Reise benützte ich auch dazu, naturhistorische Sammlungen im deutschen Küstengebiet, in Dänemark und Schweden kennen zu lernen, weil die mir gestellte Aufgabe eine möglichst allgemeine Kenntniss der fossilen Hölzer des norddeutschen und angrenzenden Diluviums erheischte. Daneben habe ich überall dem Vorkommen von Succinit und anderen Bernsteinarten Beachtung geschenkt und später die einschlägigen Erfahrungen in einer kleinen Abhandlung veröffentlicht.[2] Ferner bot sich mir Gelegenheit, in den ausgedehnten, theilweise von culturellem Einfluss unberührten Nadelwaldungen Schwedens vergleichende Beobachtungen über Harzfluss und Beschädigungen der Bäume durch Pilze und Insecten, durch Atmosphärilien und andere Factoren anzustellen, und ich konnte die dort gewonnenen Resultate noch in der vor Kurzem erschienenen Monographie der Bernsteinbäume verwerthen. Zur besonderen Freude gereichte es mir, unter Herrn Professor Dr. A. G. Nathorst's Führung, eingehende Studien in dem von ihm verwalteten

---

[1] Geologiska Föreningens Förhandlingar, N:o 117, Bd. X, H. 5, Stockholm 1888, pag. 306.

[2] H. Conwentz. Ueber die Verbreitung des Succinits, besonders in Schweden und Dänemark. Mit einer Karte. Schriften der Naturforschenden Gesellschaft in Danzig. N.F. VII. Bd. 3. Heft. Danzig 1890. S. 165, ff.

Museum fossiler Pflanzen in Stockholm zu machen, und ich habe später über diese ausgezeichnete Sammlung an anderer Stelle [1] Bericht erstattet.

Nachfolgend theile ich das Ergebniss meiner Untersuchungen über die fossilen Pflanzen des Holma-Sandsteins und über die Geschiebehölzer Schwedens, soweit sie mir bekannt geworden sind, mit. Diese Darstellung umfasst nicht allein den anatomischen Bau der Hölzer, sondern berücksichtigt auch die biologischen und physikalischen Vorgänge, welche sich einst am grünenden Baum und später am todten Holz abgespielt haben. Ein unter den Geschieben befindliches Palmholz überliess ich auf Wunsch Herrn Prof. Dr. STENZEL in Breslau, welcher eine grössere Arbeit über fossile Palmhölzer vorbereitet und daher auch die Beschreibung dieses Stückes hier geliefert hat. Zum Schluss wird die Frage erörtert, ob auf Grund der bisherigen Erfahrungen die Herkunft eines Theiles der in Schweden, Dänemark und Norddeutschland vorkommenden Geschiebehölzer auf den Holma-Sandstein zurückgeführt werden kann.

Während meines Aufenthaltes in Schweden hatte ich mich durchweg einer zuvorkommenden und herzlichen Aufnahme sowie einer wirksamen Unterstützung meiner Bestrebungen zu erfreuen, und ich erachte es als eine angenehme Pflicht, auch an dieser Stelle meinen lebhaftesten Dank hierfür zum Ausdruck zu bringen. Im Besonderen richtet sich derselbe an die Herren Prof. Dr. NATHORST und Dr. O. HOLST in Stockholm, ferner an die Herren Prof. Dr. BERSH. LUNDGREN und Dr. GUNNAR ANDERSSON in Lund, sowie auch an Herrn Prof. FR. JOHNSTRUP in Kopenhagen.

Die hier beigefügten Zeichnungen wurden unter meiner Aufsicht zum grössten Theil von Herrn Dr. KORELLA hierselbst, zum kleineren Theil von Herrn Dr. CARL MÜLLER in Berlin und vom technischen Lehrer Herrn REHBERG in Marienwerder angefertigt; die mikroskopischen Abbildungen des Palmholzes rühren von Herrn Prof. STENZEL selbst her. In der Ausführung mikroskopischer Messungen hat Herr Dr. KUMM hier freundlichst mich unterstützt.

Danzig, am 3. Mai 1891.

Der Verfasser.

[1] H. CONWENTZ. Die phytopalaeontologische Abtheilung des Naturhistorischen Reichsmuseums in Stockholm. Engler's Botanische Jahrbücher, XI. Band., 4. Heft. Beibl. 25. Leipzig 1890.

INHALT.

A.

DIE FOSSILEN PFLANZEN DES HOLMA-SANDSTEINS.

Allgemeines.

Da die Deutsche Geologische Gesellschaft bei Gelegenheit ihrer Versammlung in Greifswald im August 1889 eine Fahrt nach Rügen und Bornholm unternahm, schloss ich mich derselben an und traf in Rönne, laut Verabredung, mit dem schwedischen Staatsgeologen Herrn Dr. OLOF HOLST zusammen. Derselbe informirte mich im Allgemeinen über die geologischen Verhältnisse des von mir aufzusuchenden Fundgebietes im Kirchspiel Gammalstorp und gab mir auch sonst manche Auskunft, die mir später von Nutzen gewesen ist. Auf der Reise dorthin wurde ich von den Herren Privatdocenten Dr. GÜMEN aus Breslau und Dr. A. PETERSEN aus Kopenhagen begleitet, die mich auch bei der Untersuchung des Sandsteins in loco unterstützten, und ich bin daher Beiden, besonders Herrn GÜMEN für seine geologische Mitwirkung, zu Dank verpflichtet. Bevor ich aus Gammalstorp abreiste, beauftragte ich einen, schon früher von Herrn O. HOLST verwendeten Bahnarbeiter mit dem Aufschlagen der grösseren Blöcke und kehrte nach Verlauf einiger Wochen wieder dorthin zurück, um das neu gewonnene Material zu besichtigen und weiter zu präpariren. Dasselbe genügte im Allgemeinen, um die mir gestellte Aufgabe zu lösen, und umfasste auch mehrere nicht unwichtige, neue Funde. Ehe ich an die Beschreibung gehe, will ich zunächt einige allgemeine Mittheilungen über das Vorkommen vorausschicken.

Nördlich von Gammalstorp in der Provinz Blekinge zieht sich das Gneissgebirge in mehreren, von N nach S streichenden Höhenrücken, den sog. Ryssbergen hin, an welche sich jederseits eine Ebene mit verschiedenen Ablagerungen der Mammillaten- und Mucronaten-Kreide anschliesst. Am Fusse dieses etwa 150 m hohen Bergrückens, der beiläufig hier nahezu die Grenze zwischen Blekinge und Schonen bildet, treten vereinzelte Partien eigenartiger Sandstein-Bildungen auf, von welchen folgende, nach mündlicher Angabe des Herrn HOLST, von mir untersucht wurden (Vergl. die Karte S. 39).

1. Westlich von Spraltan kommt nur Sand vor. An dem Ostgehänge des mit grossen Diluvialblöcken übersäten Höhenrückens ist unter dem mit Geschiebeblöcken überladenen Geschiebemergel, in kleineren, gelegentlichen Gruben ein feiner weisser Quarzsand von gleichem Korn aufgeschlossen. Die Geringfügigkeit des Aufschlusses gestattet keine nähere Untersuchung, jedoch erstreckt sich der Sand, nach HOLST's Angabe, über ein grosses Gebiet.

2. Im SSO von Nya Ryedal, etwa 2 km von diesem Ort entfernt, liegen am Abhang des Höhenrückens neben grossen Gneissgeschieben einzelne gleichfalls umfangreiche Blöcke eines feinkörnigen weissen mürben Sandsteins. Derselbe zeigt eine deutliche Schich-

tung und eine unregelmässige, theilweise knollige Oberfläche; stellenweise ist das Gestein von kleinen, bräunlichen, von Eisenoxydhydrat herrührenden Flecken durchschwärmt. Zahlreiche Spaltungsstücke liegen an dem längs des Höhenrückens sich hinziehenden Wege, bereits in der Thalebene, und diese haben ursprünglich die beiden Blöcke gebildet, aus welchen die von Herrn O. HOLST erwähnten Holzstücke stammen.

Ausserdem bemerkte ich mehrere unversehrte Blöcke weiter seitwärts am Abhang des bewaldeten Rückens. Ich liess sowohl diese als auch die vorhergenannten Blöcke am Wege zerschlagen und fand darin zahlreiche Bruchstücke verkieselter Hölzer, über welche unten ausführlich berichtet werden wird, sowie einige Abdrücke junger beblätterter Zweige, die schwer zu conserviren waren. Aus einem Stück schlug ich auch einen undeutlichen Steinkern eines Zweischalers heraus, welchen Herr Prof. Dr. BERNHARD LUNDGREN in Lund für Pecten laevis NILSS. erklärte; vorher waren thierische Reste aus diesem Sandstein nicht bekannt geworden.

3. Westlich von *Nya Ryedal*. Im Norden und Süden des Weges, der von Nya Ryedal nach Bjäräryd führt, erstreckt sich von N nach S ein flacher Höhenrücken, dessen oberste Platte aus annähernd noch horizontal liegenden Schollen mit deutlich erkennbarer Schichtung besteht. Vielfach sind diese Schollen, namentlich nach den Rändern hin, umgestürzt und durch einander geworfen; überdies finden sich einzelne Gneissgerölle dazwischen zerstreut. Das Gestein ist ebenfalls ein weisser, meist feinkörniger Quarzsandstein mit spärlichem Bindemittel; hin und wieder kommen Partien mit grösseren, bis nussgrossen Quarzgeröllen oder auch Partien mit eingestreutem zersetzten Feldspath und Glimmer vor. Die Blöcke sind oberflächlich oft wurmförmig zerfressen und weisen nicht selten fingerdicke oder auch weitere Höhlungen auf, die von organischen Einschlüssen, welche später ausgewittert sind, herrühren.

4. Bei *Örelycke* treten ähnliche Sandsteinblöcke auf, deren Häufigkeit übrigens unter den hier zahlreichen Gneissen schwer zu übersehen ist. Sie liegen aber in grosser Menge in den zu beiden Seiten des Weges künstlich angehäuften Steinwällen und in auffällig dichterer Anhäufung kommen sie in einem Gehöft dort vor. Die ursprüngliche Lagerung ist bei Örelycke nicht so deutlich wie bei Nya Ryedal zu erkennen. Aus einem in der Nähe hergestellten Brunnen wurde ein sehr thonreicher weisser Sand von derselben Beschaffenheit, wie der bei Sqvaltan aufgeschlossene, heraufgebracht.

5. In *Möllebjörke* ist in 10 bis 15 m Tiefe derselbe Sandstein erbohrt worden. Ich habe die Bohrproben in der Sammlung der Geologischen Untersuchung in Stockholm gesehen und von der Identität mich überzeugt.

6. Unweit *Norje Sund* im Kirchspiel Ysane stehen am östlichen Ufer des Canals, welcher von Möllebjörke nach S führt, die nämlichen Sandsteine in annähernd horizontaler Lage an und ähnliche Blöcke geringeren Umfanges, bisweilen mit eigenthümlich knolliger Oberfläche, sind zu beiden Seiten des Canals zerstreut. Sehr häufig finden sich in diesem Sandstein härtere Partien, welche durch ein reichlicheres quarziges Bindemittel verfestigt sind. Hier entdeckte O. HOLST den Hauptabdruck des unten beschriebenen Sequoites Holsti NATH.

Dasselbe Gestein hat DE GEER an mehreren Orten westlich der Ryssberge, d. h. in der Provinz Schonen aufgefunden, so bei Ifö, Ifvetofta und südlich von Näsum auf der

Holmudde. Nach letzterer Localität, einer von NO in den Hö-See hineinragenden Land-
zunge, benannte er es *Holma-Sandstein*,[1] und diese Bezeichnung dürfte in Zukunft beizubehalten sein.

In der im Vorwort erwähnten Mittheilung[2] sagt O. HOLST: »Oft liegen die Sandsteinblöcke in solcher Menge beisammen, dass man annehmen muss, dass sie eine von
demselben Gestein gebildete locale Moräne überlagern. Anstehend hat man das Gestein
bisher nicht angetroffen, wenn nicht möglicher Weise an einer Stelle, gleich westlich von
Nya Ryedal.» In der That meine ich, dass diese Blöcke keinen weiten Transport erlitten
haben, sondern noch in nahezu ungestörter horizontaler Lagerung sich befinden, wie an
der deutlichen Schichtung zu erkennen ist. Später hat auch Herr HOLST ausdrücklich
mir gegenüber hervorgehoben, dass er das fragliche Gestein für *anstehend* hält.

Aus Obigem geht hervor, dass an der Grenze zwischen Urgebirge und Kreide eine
eigenartige Sandablagerung vorhanden ist, welche sich durch das Auftreten festerer Sand-
steinbänke auszeichnet. Die Sande sind in einzelnen, besonders günstigen Localitäten erhalten; einzelne Sandsteinschollen auf dem Gneissgebirge haben der Erosion Widerstand
geleistet, und am Rande desselben dürfte dieser Horizont anstehen.

Abgesehen hiervon hat der Holma-Sandstein auch als Geschiebe im Diluvium des
norddeutschen Flachlandes Verbreitung gefunden. Es waren hier gewisse weisse, local
auch gelblich gefärbte, mürbe Sandsteine feineren Korns bekannt und von E. GEINITZ u. a.
als Hörsandstein beschrieben worden. Kürzlich hat aber A. G. NATHORST[3] für einige
derselben den Nachweis geführt, dass sie dem Holma-Sandstein angehören. Hiernach steht
es ausser Frage, dass dieser als Geschiebe in Kl. Lantow bei Laage unweit Rostock und
in der Gegend von Königs-Wusterhausen vorgekommen ist; ferner erkannte NATHORST
als Holma-Sandstein zwei weitere Stücke, welche ohne Angabe des Fundortes in der
Klöden'schen Sammlung zu Berlin sich befinden und daher nur als muthmasslich aus der
Mark Brandenburg bezeichnet werden können. Endlich sind nach demselben Forscher
einzelne Geschiebe von Neubrandenburg, Malchin, Warnemünde und Berlin wahrscheinlich
hierher gehörig, während bei einem anderen Stück aus Parchim die Zugehörigkeit zum
Åhus-Sandstein nicht ausgeschlossen erscheint.

Was das *geologische Alter* des Holma-Sandsteins anlangt, so möge zunächst darauf
hingewiesen werden, dass ich in einer Grube westlich von Sysalten zahlreiche senone Geschiebe gesammelt habe, die auf ein nicht allzufernes Anstehen des Senons in der Tiefe
hindeuten. Hierdurch wird ferner die Vermuthung nahe gelegt, dass auch die weissen
Sande in Beziehung zum Senon stehen. Ueberdies steht nach O. HOLST auf dem Grunde

---

[1] Als NATHORST seine Abhandlung über das angebliche Vorkommen von Geschieben des Hörsandsteins in
den norddeutschen Diluvialablagerungen (Mecklenburgischen Archiv. Jahrg. 1890. S. 17 ff.) schrieb, theilte O.
HOLST mündlich ihm mit, dass er den fraglichen Sandstein: Ryedal-Sandstein nennen wolle (s. a. O. S. S. 26,
27). Dann erschien aber DE GEER's Beschreibung desselben Sandsteins in dem zu Schonen gehörigen Gebiet des
Blattes Karlshamn (Sveriges Geologiska Undersökning. Ser. Aa N:r 105—107. Stockholm 1889. S. 72),
unter dem Namen »Holma-Sandstein», *früher* als die Publikation NATHORST's. Daher besitzt diese Bezeichnung
die Priorität.

[2] Geologiska Föreningens Förhandlingar, N:o 117, Bd. X, H. 5. Stockholm 1888, pag. 306.

[3] A. G. NATHORST. Ueber das angebliche Vorkommen von Geschieben des Hörsandsteins in den norddeutschen Diluvialablagerungen. Mit einer Tafel. Archiv des Vereins der Freunde der Naturgeschichte in Mecklenburg, 1889, S. 17, ff.

eines Teiches unweit des grossen Torfmoores bei Ystane Kreide an, und ebenda sind nach ihm auch einzelne Blöcke unseres Sandsteines gefunden worden. Wenn wir unter den sedimentären Gesteinen im südlichen Schweden Umschau halten, bemerken wir eine nicht geringe Ähnlichkeit des Köpinge- und Åhus-Sandsteins mit dem Holma-Sandstein. Ich habe jene beiden vornehmlich in den Sammlungen des Geologischen Museums zu Lund kennen gelernt und verdanke dem Director desselben, Herrn Prof. Dr. LUNDGREN, einige nähere Angaben hierüber. Der Köpinge-Sandstein, welcher 10 bis 12 % Kalk enthält, wird durch Belemnitella mucronata d'ORB., Pecten laevis NILSS. und andere Fossilien charakterisirt; von Pflanzen kommen z. B. Dewalquea und Coniferenzweige darin vor. Der Åhus-Sandstein ist von sehr verschiedener Ausbildung, wie der Holma-Sandstein, mit dem er überhaupt in petrographischer Hinsicht die grösste Ähnlichkeit besitzt. Ich bemerkte in der genannten Sammlung ein härteres Stück von feinerem Korn, mit Ostrea lunata NILSS., und ein anderes mürbes grobkörniges Stück mit O. lateralis NILSS.; dieses sieht dem Holma-Sandstein in seiner gewöhnlichen Ausbildungsweise ausserordentlich ähnlich, unterscheidet sich nur durch den viel höheren Kalkgehalt. Während der Åhus-Sandstein im Allgemeinen noch etwas kalkhaltiger ist, als der Köpinge-Sandstein, besteht der Holma-Sandstein fast ausschliesslich aus Quarzkörnern: eine von Herrn O. HELM hierselbst ausgeführte Analyse ergab nur 0,08 % Kalkerde.

Der Åhus-Sandstein ist nicht anstehend bekannt, wie der Köpinge-Sandstein, vielmehr wurde er bisher nur als Geschiebe bei Åhus, Yngsjö und an anderen Orten Schonens, sowie auch in Schleswig, gefunden. Er ist sicher senonen Alters, indessen erscheint es nach LUNDGREN fraglich, ob er der Mucronaten- oder Mamillaten-Schicht angehört. Der genannte Geologe neigt zu der Ansicht hin, dass die Åhus- und Köpinge-Sandsteine gleichalterig sein können, zumal beide eine ganze Menge von Fossilien gemein haben. Es wurde bereits oben erwähnt, dass ich bei Nya Ryedal einen, nicht gerade sehr deutlichen, Steinkern eines Zweischalers auffand, welchen Herr Prof. B. LUNDGREN als Pecten laevis NILSS. recognoscirte. Derselbe meinte, dass hierdurch die Zugehörigkeit des Holma-Sandsteins zum Senon und seine nahe Beziehung zum Åhus- und Köpinge-Sandstein bestätigt wird. Ferner ist zu bemerken, dass NATHORST in dem oben erwähnten Geschiebe von Kl. Lantow einige, ehedem für Chondrophlebis angesprochene, Reste als Weichselia erkannt hat, wodurch gleichfalls das cretaceische Alter des Holma-Sandsteins sicher gestellt ist.

Nach diesen Ausführungen ist es nicht mehr zweifelhaft, dass der Holma-Sandstein der Kreide angehört und den senonen Sandsteinen von Åhus und Köpinge in Schonen nahe steht.

1.

Pinus Nathorsti Conw. nov. spec.

Taf. I, Fig. 1. — Taf. II, Fig. 1—5. — Taf. III, Fig. 1—3. — Taf. VI, Fig. 1—10. — Taf. VII, Fig. 1—4.

Truncorum et ramorum cortex et medulla non conservati. Lignum e tracheidibus atque e cellulis parenchymatosis formatum. Strata concentrica statu fossili rarius conspicua. Tracheides in sectione transversali rectangulares vel polygonatæ, tangentialiter c. 30,4 μ (26,4 —35,7 μ) latæ, in parietibus radialibus poris areolatis c. 18,9 μ (14,9—23,2 μ) altis uniserialibus, in parietibus tangentialibus poris nullis instructæ. Cellulæ parenchymatosæ verticaliter perlongatæ plures fasciculatim conjunctæ semper unum vel duos ductus resiniferos tangentialiter c. 98,4 μ latos includentes. Sectio transversalis 0,43 ductus resiniferos pro 1 qmm tenens; ductus sæpe figurationibus thylloideis impleti. Radii medullares c. 30 (25—37) in millimetro quadrato sectionis tangentialis siti, uni- vel multiseriales. Radii uniseriales usque ad 0,5 mm, vulgo 0,11—0,18 mm alti, plerumque e cellulis 6 (1—19) superpositis formati. Radii multiseriales medio ductum resiniferum solitarium sæpe figurationibus thylloideis munitum includentes.

Lignorum specimina fere omnia mihi nota statu recenti olim fungis parasiticis et saprophyticis alterata atque pholadidis terebrata.

Folia geminа linearia longa semiteretia rigida, latere exteriore stomatis oblongis numerosis 7 vel pluribus seriebus longitudinalibus disposіtis munita.

Strobilus subsessilis ovato-oblongus cm 3,3 longus 2,3 ad medium crassus, squamæ cuneiformes, semina longitudinaliter secta lenticularia.

Sammlung der Geologischen Untersuchung und Phytopalæontologische Abtheilung des Naturhistorischen Reichsmuseums in Stockholm. — Sammlung des Geologischen Museums der Universität Lund. — Geologisch-Palæontologische Sammlung des Königl. Museums für Naturkunde in Berlin.

Diese Species umfasst sämmtliche fossilen Hölzer, welche ich selbst aus dem Holma-Sandstein bei Ryedal herausgeschlagen habe, und mit sehr geringen Ausnahmen auch alle diejenigen, welche ich schon früher von dort durch Herrn Dr. HOLST erhalten hatte. Daher liegt mir zur Untersuchung eine grössere Zahl von Exemplaren vor, welche sich zum grössten Theil noch in Verbindung mit dem Muttergestein befinden. Sie stellen durchweg scheitartige, scharfkantige Spaltungsstücke mit geraden Endflächen vor und sind entweder von keilförmiger (Taf. II, Fig. 3. — Taf. III, Fig. 1) oder flach schalenförmiger Gestalt (Taf. II, Fig. 5), je nachdem sie sich in der Richtung der Markstrahlen oder in der der Jahresringe vom Holzkörper abgelöst haben. Bisweilen liegen im Gestein mehrere Stücke zwar getrennt, aber nahezu noch in natürlicher Orientirung nebeneinander, während die ent-

standenen Zwischenräume durch Sandstein ausgefüllt sind (Taf. III, Fig. 1). Viele Hölzer
werden von einem oder mehreren Rissen quer durchsetzt (Taf. II, Fig. 1, 2), deren Ränder
oft soweit auseinander stehen, dass die umgebende Masse hier gleichfalls eindringen konnte
(Taf. I, Fig. 1). In einzelnen Fällen ist das Holz vor seiner Petrifizirung zerstört, und
es sind nur die Ausfüllungen der Spalten als Querböden in dem entstandenen Hohlraum
vorhanden (Taf. II, Fig. 3). Was die Grössenverhältnisse der Hölzer anlangt, so erreichen
sie 19 cm Länge, 6,5 cm tangentiale und 3 cm radiale Stärke.

Bei einer oberflächlichen Betrachtung der Stücke fallen sofort die zahlreichen *Bohrlöcher* auf, welche anscheinend von verschiedenen Pholadiden angelegt sind. Ich übersandte einige Proben an Herrn Professor BERNHARD LUNDGREN in Lund, um Näheres über
die Natur dieser Bohrmuscheln zu erfahren. Das eine schalenförmige Stück, welches auf
Taf. II, Fig. 4 abgebildet ist, enthält viele dünne Röhren mit verkieselten Wandungen,
welche innerlich mit Quarz ausgekleidet sind, und von denen eigentlich nur die etwas
erweiterte Mündung aus der Tangentialfläche des Holzes herausragt. In diesem Falle
handelt es sich nach dem genannten Forscher um eine Art von Teredo, Clavagella oder
Gastrochaena, was aber nicht näher entschieden werden kann. An nahezu allen übrigen
Stücken bemerkt man andere, mit Sandstein wieder ausgefüllte Gänge, welche radial 2 cm
tief in das Holz hineingehen und sich an ihrem hinteren Ende etwas erweitern (Taf. II,
Fig. 5. — Taf. III, Fig. 1). Diese Bohrgänge sollen nach LUNDGREN von einem Lithodomus oder von einer Pholas herrühren, zu deren Bestimmung aber der fragliche Erhaltungszustand auch nicht genügt. Die Bohrlöcher liegen bisweilen so dicht beisammen,
dass von der Holzsubstanz nur ganz dünne Lamellen in radialer Richtung coulissenartig
stehen geblieben sind. Das Vorkommen zahlreicher Bohrlöcher im Holz spricht zweifellos
für einen längeren Aufenthalt desselben im Wasser; hingegen deuten Form und Lage der
einzelnen Stücke im Sandstein darauf hin, dass diese Stücke sich nicht lange im Wasser
herumgetrieben haben. Daher nehme ich an, dass die ganzen Stämme und Äste oder in-
tegrirende Theile derselben ins Meer geriethen und hier von Pholadiden oder verwandten
Thieren angebohrt wurden; als sie später in Folge einer unbekannten Katastrophe der
Länge und Quere nach zerbrachen, geriethen sie in die umschliessende Sandsteinmasse und
sind hier zum Theil noch in situ erhalten.

Die Hölzer besitzen selten durchweg oder auch nur stellenweise eine sepiabraune
Farbe, vielmehr sind sie gewöhnlich hellgelb oder hellgrau, bisweilen auch weisslich gefärbt. An denjenigen Stücken, welche im Gestein mit einer Seite zu Tage treten, konnte
man wahrnehmen, dass sie hier ein helles Aussehen angenommen haben, während die
umschlossene Partie noch mehr oder weniger gebräunt war. Da dieser braune Ton, je
nach der Lagerung des Stückes, bald in den äusseren, bald in den inneren Jahresringen
vorkommt, kann man wohl vermuthen, dass er der Farbe des Holzes vor seiner Verkieselung entspricht, und dass jener hellere Ton in diesen Fällen auf nachträglichem Bleichen
beruht. Indessen will ich nicht unerwähnt lassen, dass oft auch die vom Gestein ganz
eingeschlossenen Stücke durchweg hell gefärbt sind. Uebrigens tritt neben der organischen
braunen Farbe bisweilen auch eine andere, gelb- oder rothbraune auf, welche bereits oben
stellenweise im Sandstein bemerkt wurde; diese ist jedenfalls anorganischer Natur und
beruht wahrscheinlich auf späterem Eindringen von Eisenoxyhydrat.

Wenn man die natürlichen horizontalen Bruchflächen der fossilen Hölzer betrachtet, kann man *Jahresringe* nicht erkennen, hingegen treten diese bisweilen auf den natürlichen Längsflächen hervor (Taf. II, Fig. 1). Mit der Lupe sieht man an den Handstücken kaum etwas mehr, aber an den Dünnschliffen nimmt man Jahresringe hier und da wahr, wo sie mit blossem Auge nicht mehr sichtbar sind. Bei der mikroskopischen Untersuchung ist zu berücksichtigen, dass durch verschiedene Factoren, wie Bohrmuscheln, Pilze u. s. m., wovon unten die Rede sein wird, vielfache Änderungen im Holzkörper herbeigeführt sind. Daher kann es nicht Wunder nehmen, dass auch bei stärkerer Vergrösserung die Jahresringe nicht immer zu unterscheiden sind; nur in solchen Regionen, wo nachträglich eine farbige Substanz eingedrungen ist, kann man sie deutlich erkennen und auch genau messen (Taf. VI, Fig. 1). Ich bemerke hier vorweg, dass die folgenden Maasse, welche einer dieser Stellen entnommen sind, sowie auch die weiteren Maasse von Pinus Nathorsti und die aller übrigen fossilen Hölzer stets Mittelzahlen aus je zehn oder gewöhnlich mehr Beobachtungen darstellen. Was ferner die Bezeichnung der Jahresringe anlangt, so wähle ich für die ersten (inneren), welche in den vorliegenden Stücken nie conservirt sind, den Ausdruck n und nenne daher den ältesten Jahresring des Präparates $n + 1$, die folgenden $n + 2$, $n + 3$ u. s. w.

Jahresringe	Breite in Zellen	Breite in Millim.
n + 1	17	0,595
n + 2	12	0,343
n + 3	14	0,410
n + 4	12	0,345
n + 5	13	0,480
n + 6	21	0,641
n + 7	22	0,800
n + 8	32	1,145
n + 9	69	2,548
n + 10	48	1,410

Die Jahresringe verlaufen ziemlich regelmässig, concentrisch und sind, wie sich aus vorstehender Tabelle ergiebt, sehr eng bis eng. An den letzten Jahresring (n + 10) schliesst sich noch eine continuirliche Fläche von 270 Zellen oder 8,342 mm Breite an, innerhalb welcher man weder mit bewaffnetem noch mit unbewaffnetem Auge eine Differenzirung in mehrere Ringe wahrzunehmen vermag; deshalb muss diese grosse Gewebeschicht als ein einziger, unvollständiger Jahresring aufgefasst werden. Obwohl es ungewöhnlich ist, dass in einem engringigen Holz plötzlich ein Ring von auffallender Breite auftritt, kommt dieser Fall immerhin bisweilen auch bei recenten Hölzern vor.

Der *Bau der Jahresringe* ist im Allgemeinen der für Stamm- und älteres Astholz normale. Die Wandstärke nimmt von der ersten Frühlings- bis zur letzten Sommertracheïde allmählich zu und gleichzeitig verkürzt sich der radiale Durchmesser der Zellen von innen nach aussen. Ferner ändert sich ihr Querschnitt innerhalb des Jahresringes in

der Weise, dass er im inneren Theile rechteckig und radial gestreckt, im mittleren fünf-
bis sechsseitig und im äusseren Theile wiederum rechteckig, aber radial verkürzt ist.
Wenn auch die mittlere Schicht nicht immer scharf ausgeprägt ist, grenzen doch die innere und äussere Schicht — selbst in den engeren Jahresringen — nirgend schroff aneinander, wie es in Wurzelhölzern der Fall ist. Andererseits tritt in den engen Jahresringen die innere Schicht auch nie bis zum völligen Verschwinden zurück, wie es in
jungen Asthölzern vorkommt. Daher sind die fraglichen Stücke durchweg einem Stamm-
oder älteren Astholz zuzurechnen.

In vielen Regionen der Dünnschliffe erkennt man, dass die Tracheïden dickwandig
sind und wohl noch die ursprüngliche Wandstärke besitzen (Taf. VI, Fig. 3, 4). An anderen Stellen, wo die Versteinerungsmasse zu hell und transparent ist, oder wo gröbere
anorganische Verunreinigungen stattgefunden haben, sind die Conturen der Membran
überhaupt schwer zu verfolgen. Anderswo ist eine theilweise Auflösung der Wandung
eingetreten, was auf die Thätigkeit eines Parasiten im frischen Holz schliessen lässt; hierauf kommen wir weiter unten zurück. Die Länge und Weite der Tracheïden ist in jedem
Holz ausserordentlich variabel, je nachdem dieses einer Wurzel, einem Stamm oder Ast
angehört und je nach der Lage der Zellen in der Höhe und Breite des Organs. Die
Länge der Tracheïden kann in fossilen Hölzern überhaupt schwerlich gemessen werden,
hingegen ergeben sich für die tangentiale Breite folgende Zahlen, welche stets den Zellen
der letzten Reihe der Sommerschicht entnommen sind.

Jahrring	Breite der Tracheïden
e + 1	35,1 μ
e + 2	30,4 μ
e + 3	29,4 μ
e + 4	26,6 μ
e + 5	28,9 μ
e + 6	29,1 μ
e + 7	31,3 μ
e + 8	29,4 μ
e + 9	29,8 μ
e + 10	32,1 μ
e + 11	32,3 μ

Wenn man sonst die Breite der Tracheïden in einer grösseren Folge von Jahresringen im Stamm- oder Astholz misst, kann man gewöhnlich ein Zunehmen der Breite von
innen nach aussen constatiren. In vorliegendem Falle variirt zwar dieselbe zwischen 26,6
und 35,1 μ, aber ein Anwachsen nach der Peripherie hin ist kaum wahrzunehmen; vielleicht würde es bei einer grösseren Zahl aufeinanderfolgender Jahresringe deutlicher werden. Die mittlere Zellbreite berechnet sich nach obigen Angaben auf 30,4 μ.

Die Tracheïden sind auf ihren radialen Wänden mit Hoftüpfeln bekleidet (Taf. VI,
Fig. 5 c), welche gewöhnlich nach beiden Enden hin zahlreicher und dichter stehen, als

im mittleren Theil, wo sie bisweilen auch ganz fehlen können; eine ähnliche ungleiche Vertheilung fand schon SANIO[1] im Holz der lebenden gemeinen Kiefer, Pinus silvestris L., auf. Andererseits ist die Erhaltung der Tüpfel bzw. der Zellwand nicht immer vollkommen, was zumeist in dem pathologischen Zustand der Hölzer seinen Grund hat. Angesichts dieser beiden Thatsachen kann es nicht überraschen, dass man nicht selten auf grössere Strecken des Radialschliffes keinen einzigen Tüpfel zu sehen erhält. Die Form der Tüpfel ist kreisrund, manchmal in verticaler Richtung etwas zusammengedrückt. Ihre Höhe ist ebenso wenig constant, wie die Breite der Tracheïden, sondern hängt zum grossen Theil von dieser selbst ab; sie schwankt von 14,8 bis 23,2 μ und beträgt im Durchschnitt 18,4 μ.[2] Beiläufig bemerkt, stimmt diese Zahl mit der Durchschnittsgrösse der Radialtüpfel im Stammholz von Pinus succinifera m. überein, in welchem ich sie 18,4 μ hoch fand. Wo die Tüpfel sichtbar sind, stehen sie meist in einer, ununterbrochenen Längsreihe; selten ist eine Doppelreihe vorhanden (Fig. VI, Fig. 5 rechts).

In vielen recenten und fossilen Coniferen treten auch auf der tangentialen Zellwand, besonders in den letzten Reihen des Sommerholzes, behöfte Tüpfel auf, welche kleiner und unregelmässig angeordnet sind. Bei Pinus Nathorsti habe ich nirgend deutliche Tangentialtüpfel gesehen, während sie beispielsweise im Stamm- und Astholz der Bernsteinbäume zahlreich vorkommen; dagegen fehlen sie gleichfalls im Stammholz der lebenden Kiefer oder werden doch nur äusserst selten hier angetroffen.[3] An der auf Taf. VI, Fig. 9 rechts unten abgebildeten Stelle eines Tangentialschliffes hat es freilich den Anschein, als ob dort Tangentialtüpfel vorhanden seien; indessen halte ich dafür, dass diese Tüpfel einer etwas schief verlaufenden radialen Wand angehören. Ebensowenig habe ich auch eine Spiralstreifung der Zellmembran in diesem Holz wahrnehmen können, während man sie sonst ziemlich häufig im Sommerholz der Coniferen antrifft.

Die Tracheïden schliessen in den gut conservirten Partien des Holzes eng aneinander, nur kleine Intercellularen von dreiseitigem Querschnitt zwischen sich lassend. Ausserdem kommen aber grössere schizogene Gänge (Taf. VI, Fig. 1 a, 2 a, 3) vor, die stets von Parenchymzellen (Taf. VI, Fig. 3 c, 6 c) umgeben sind. Diese Intercellularen, welche im lebenden Baum zunächst Harz geführt haben (Harzgänge), sind im Allgemeinen nicht sehr häufig und überdies ungleichmässig vertheilt, finden sich aber öfter im Sommer-, als im Frühjahrsholz, wie es auch bei Pinus succinifera m. und P. silvestris L. der Fall ist. Aus sehr zahlreichen Messungen ergiebt sich, dass durchschnittlich 85 auf 1 qcm. Horizontalfläche kommen, d. h. etwa soviel wie im Stammholz der Bernsteinbäume; indessen sind sie in manchen Regionen auch häufiger, so dass z. B. an einer Stelle fünf neben einander auf einer tangentialen Ausdehnung von 1 mm liegen. Der Querschnitt der Harzgänge ist nicht kreisrund, sondern radial etwas lang gezogen; daher ergeben sich folgende Maasse.

---

[1] C. SANIO, Anatomie der gemeinen Kiefer (Pinus silvestris L.). II. Theil. PRINGSHEIM's Jahrbücher für wissenschaftliche Botanik. IX. Band. Berlin 1873-74. S. 87.

[2] Unter Durchschnitt oder Mittel verstehe ich, sofern nicht anders bemerkt ist, nicht etwa das arithmetische Mittel, sondern stets die am häufigsten beobachtete Zahl.

[3] E. RUSSOW, Zur Kenntniss des Holzes, insonderheit des Coniferenholzes. Botanisches Centralblatt. XIII. Jahrg. Cassel 1883. S. 37. — C. SANIO, Anatomie der gemeinen Kiefer, a. a. O.

Weite der Harzcanäle	Tangent. Durchm.	Radialer Durchm.
Minimum	76 μ	99 μ
Maximum	114 μ	160 μ
Durchschnitt	96 μ	127 μ

Der Verlauf dieser Intercellularen ist vertical nicht gerade, sondern etwas geschlängelt. Die Epithelzellen, welche sie ringsum auskleiden, haben die Form eines vier- oder mehrseitigen Prismas mit mehr oder weniger geraden Endflächen; die grösste Ausdehnung desselben entspricht der Längsrichtung des Stammes bzw. des Astes. Die Wand dieser Parenchymzellen ist dünn und ungetüpfelt, wie auch bei Pinus silvestris L. Man könnte einwenden, dass die Tüpfel in dem vorliegenden Erhaltungszustande nicht sichtbar seien, jedoch ist zu bemerken, dass auch an solchen Stellen, wo in den benachbarten Tracheïden die Tüpfel zu erkennen sind, die Wand jener Epithelzellen ungetüpfelt erscheint.

In vielen schizogenen Intercellularen tritt eine eigenthümliche Bildung auf, welche bisher in fossilen und recenten Abietaceen sehr wenig beobachtet wurde. Die Epithelzellen wachsen nämlich bis zur gegenseitigen Berührung in den Hohlraum hinein und platten sich hier mehr oder weniger ab; es entstehen auf diese Weise *Thyllen*-ähnliche Gebilde, welche nicht allein im horizontalen (Taf. VI, Fig. 1 u. 4), sondern auch im verticalen Dünnschliff (Taf. VI, Fig. 6 u. 7) deutlich zu sehen sind. Auf diese Weise kommt ein den Intercellulargang auf kürzere oder längere Strecken ausfüllendes Pseudo-Parenchymgewebe zu Stande, welches bisweilen so fest ist, dass es kaum Lücken zwischen sich lässt (Taf. VI, Fig. 7). Trotz der Zartheit ihrer Membranen sind oft diese Bildungen, wie die Auskleidungszellen des Harzganges selbst, vorzüglich conservirt. Ich habe etwas Ähnliches in fossilem Zustande erst einige Male angetroffen, und zwar zunächst im Stamm- und Astholz der baltischen Bernsteinbäume; gelegentlich meiner Veröffentlichungen hierüber wurde damals schon des analogen Vorkommens in den fossilen Hölzern von Nya Rysdal gedacht.[1] Später sah ich Thyllen-ähnliche Bildungen in den schizogenen Intercellularen eines verkieselten Pityoxylon aus Sternberger Gestein von Doberan in Mecklenburg und in denjenigen eines anderen verkieselten Pityoxylon, welches H. HOFFMANN[2] als Geschiebeholz aus Mecklenburg beschrieben hat; beide Stücke befinden sich in der Sammlung der Geologischen Landesanstalt zu Rostock und wurden mir von Herrn Prof. Dr. E. GEINITZ daselbst vorgelegt.

Betreffend die recenten Abietaceen, hat H. MAYR zuerst über das Auswachsen der zartwandig bleibenden Epithelzellen der Intercellularen bei der Fichte und Lärche ausführlich berichtet;[3] jedoch dürften diese Bildungen wohl sehr viel weiter verbreitet sein.

[1] H. CONWENTZ, Ueber Thyllen und Thyllen-ähnliche Bildungen, vornehmlich im Holze der Bernsteinbäume. Berichte der Deutschen Botanischen Gesellschaft. Band VII. Berlin 1889. S. (37). — H. CONWENTZ, Monographie der baltischen Bernsteinbäume. Mit 18 lithographischen Tafeln. Danzig 1890. S. 49.
[2] H. HOFFMANN, Ueber die fossilen Hölzer aus dem mecklenburgischen Diluvium. Inaug.-Diss. Neubrandenburg 1883. S. 21.
[3] H. MAYR, Ueber die Vertheilung des Harzes in unseren wichtigsten Nadelholzbäumen. Flora N. R. XLI. Jahrg. 1883. S. 223. — H. MAYR, Entstehung und Vertheilung der Secretionsorgane der Fichte und Lärche. Botanisches Centralblatt. XX. Band. Cassel 1884. S. 278.

Im Holz der Pinus Nathorsti treten sie nicht ganz allgemein auf, obschon in solchen Präparaten, wo sie überhaupt vorkommen, die meisten Harzgänge geschlossen sind. Im Astholz der Bernsteinbäume beobachtete ich, dass das Auswachsen der Epithelzellen durchschnittlich nach 17 oder 18 Jahren stattgefunden hatte, während dieser Process im Holz der lebenden Fichte und Lärche nach H. Mayr gewöhnlich schon im 12. Jahre vor sich geht. Da die peripherischen Schichten der in Rede stehenden, fossilen Hölzer nicht vorhanden sind, kann unmöglich der Zeitpunkt bestimmt werden, wann die Harzgänge verstopft wurden, im Allgemeinen wird man aber annehmen dürfen, dass dieses erst zu einer Zeit geschah, nachdem die Epithelzellen die Harzproduction eingestellt hatten.

Ausser diesen Gruppen von Parenchymzellen, welche stets einen oder auch zwei schizogene Intercellularen einschliessen, habe ich anderweitiges Holzparenchym nicht bemerkt.

Der Holzkörper wird in radialer Richtung von *Markstrahlen* durchsetzt (Taf. VI, Fig. 1), welche ihrem Bau nach zweierlei Art sind. Die vorherrschenden Markstrahlen sind einschichtig, d. h. sie bestehen — tangential gesehen — nur aus einer Schicht übereinander liegender Zellenreihen (Taf. VI, Fig. 8 b, 9 b, 10 b). Angesichts der mangelhaften Erhaltung kann es leider nicht entschieden werden, ob alle Reihen aus Parenchymzellen oder — wie es der Pinus-Natur mehr entsprechen würde — ob einige derselben aus Quertracheïden zusammengesetzt sind. Weder die für letztere bezeichnende Verdickungsform ihrer Membran, noch die gleichfalls charakteristischen Hoftüpfel sind irgendwo erkennbar; hingegen finden sich hier und da schwach markirt rundliche oder elliptisch-rundliche, einfache Tüpfel, welche vermuthlich der Wand des Strahlenparenchyms angehören. Die Höhe der einschichtigen Markstrahlen ist aus nachstehender Tabelle ersichtlich.

Höhe der einschichtigen Markstrahlen	Höhe in Zellen.	Höhe in Millim.
Minimum	5	0,076
Maximum	19	0,488
Durchschnitt	5—7	0,110—0,180

Die Höhe der einzelnen Zellen, bei welchen man nach obiger Auseinandersetzung freilich nicht unterscheiden kann, ob sie Parenchymzellen oder Tracheïden sind, beläuft sich auf 15,2 bis 36,1 μ, im Mittel auf 27,2 μ.

Neben den einschichtigen treten solche Markstrahlen auf, die in ihrer mittleren Partie aus *mehreren Schichten* bestehen und hier einen horizontalen Intercellularraum einschliessen (Taf. VI, Fig. 8 b, 10 b); bisweilen kommen auch im oberen oder unteren Theil vereinzelt zwei Schichten vor, wie es z. B. auf Taf. VI, Fig. 10 zu sehen ist. Der Intercellulargang wird, wie die verticalen Canäle, von Parenchymzellen ausgekleidet, welche dünnwandig und nicht getüpfelt sind, und ebenso wie dort treten auch hier Thyllenartige Bildungen auf. Dieser Vorgang hat zweifellos eine physiologische Bedeutung für den lebenden Baum gehabt, zumal die Hohlräume unwegsam für Gase und Flüssigkeiten gemacht wurden; hierdurch wurde also auch verhindert, dass das in den jüngeren Theilen gebildete Harz nach innen zurücktreten und eine Verharzung des älteren Holzes veranlassen konnte. Die Höhe der mehrschichtigen Markstrahlen ist, wie folgt.

Höhe der mehrschichtigen Markstrahlen	Höhe in Zellen.	Höhe in Millimetern
Minimum	9	0,311
Maximum	25	0,561
Durchschnitt	14	0,434

Was die Vertheilung der Markstrahlen im Allgemeinen und das Verhältniss der mehrschichtigen zu den einschichtigen anlangt, so geben die nachstehenden Beobachtungen hierüber Auskunft.

1. Beobachtung:	In 1 qmm Tangentialfläche liegen 28 M., wovon 3 mehrschichtig sind.
2.	»	»	»	»	27	»	»	7	»	»	»
3.	»	»	»	»	25	»	»	5	»	»	»
4.	»	»	»	»	31	»	»	5	»	»	»
5.	»	»	»	»	29	»	»	4	»	»	»
6.	»	»	»	»	25	»	»	6	»	»	»
7.	»	»	»	»	34	»	»	5	»	»	»
8.	»	»	»	»	26	»	»	5	»	»	»
9.	»	»	»	»	37	»	»	4	»	»	»
10.	»	»	»	»	27	»	»	3	»	»	»
11.	»	»	»	»	37	»	»	6	»	»	»
12.	»	»	»	»	31	»	»	5	»	»	»

Aus folgender Tabelle sind die Grenz- und Mittelwerthe ersichtlich.

In 1 qmm Tangentialfläche liegen	Markstrahlen	Davon er mehrschichtige.
Minimum	25	3
Maximum	37	7
Durchschnitt	30	5

Hieraus geht hervor, dass die Zahl der auf 1 qmm Tangentialfläche kommenden Markstrahlen im Allgemeinen nicht gross ist, dagegen bilden die mehrschichtigen einen verhältnissmässig hohen Procentsatz. Während sich z. B. im Stammholz von Pinus succinifera die Zahl der einfachen zu der der mehrschichtigen Markstrahlen, wie 25 : 1 verhält, ist hier das Verhältniss gleich 5 : 1; dabei erreichen sie dort noch eine etwas grössere Höhe.

———————

Bevor ich die Beschreibung der Blätter und Zapfen von Pinus Nathorsti folgen lasse, schalte ich zunächst eine Darstellung der pathologischen und sonstigen anomalen

Verhältnisse des Holzes hier ein. Die meisten der von mir untersuchten Stücke weisen zahlreiche Reste eines Mycels auf, welches beweist, dass die lebenden Bäume von *Parasiten* befallen waren. Die Hyphen sind entweder hyalin, hellgrau oder hellbräunlich; in solchen Fällen, in denen — vielleicht erst bei Herstellung des Dünnschliffes — Luft in den vom Pilz hinterlassenen Hohlraum eingedrungen ist, erscheinen sie sogar dunkelgrau bis schwärzlich. Sie sind sehr dünn und zart, verlaufen meist in verticaler Richtung und sind reichlich verzweigt (Taf. VII, Fig. 1); ob sie Querwände bilden, habe ich nicht erkennen können. Die unter rechtem oder spitzem Winkel abgehenden Seitenzweige durchbohren die Zellwand, und daher sieht man in Längsschliffen hin und wieder kleine kreisrunde Perforationen. Die Einwirkung dieses Parasiten auf das Holz äussert sich vornehmlich dadurch, dass die äusserste Wandschicht der Tracheiden aufgelöst wird. Wenn dieser Process bis zum völligen Schwinden desselben fortgeschritten ist, liegen die Tracheiden isolirt nebeneinander, wie es nicht nur in der horizontalen, sondern auch in der verticalen Ansicht (Taf. VI, Fig. 6 links, Taf. VII, Fig. 1) hier dargestellt ist. Die Bestimmung des Parasiten auf Grund der obigen Hyphen ist nicht ausführbar, immerhin mag erwähnt werden, dass sie eine Ähnlichkeit mit denjenigen der Polyporus- und der Agaricus-Arten in lebenden Nadelhölzern besitzen. Was andererseits die mikroskopische Zersetzung des Holzes betrifft, so treten verwandte Erscheinungen auch bei einigen Krankheiten recenter Coniferen auf. Zu den verbreitetsten und verderblichsten Parasiten unserer Kiefern- und Fichtenwälder gehören Trametes radiciperda R. Hart. (= Polyporus annosus Fr.) und Tr. Pini Fr., von welchen der erstere gewöhnlich im Wurzel- und unteren Stamm-, bisweilen aber auch noch im Astholz, hingegen der letztere nur im Stamm- und Astholz vorkommt. Bei den von beiden verursachten Krankheiten bilden sich, unter Anhäufung von Mycel, zahlreiche Flecken im Holz, und wenn man dasselbe untersucht, findet man eine ganz ähnliche Veränderung der Tracheidenwand, wie oben im Holz von Pinus Nathorsti. Rob. Hartig, dem wir eine sehr genaue Darstellung dieser Verhältnisse verdanken,[1] giebt auch schematische Skizzen, welche die allmähliche Auflösung der äussersten Wandschicht veranschaulichen. Obgleich hieraus eine Ähnlichkeit beider Zersetzungserscheinungen hervorgeht, soll nicht ausgesprochen werden, dass die Krankheit von Pinus Nathorsti sr. Zt. durch Trametes radiciperda oder Tr. Pini verursacht worden ist. Vor Allem fehlt an den mir vorliegenden Handstücken jede Spur von fleckigen Mycelnestern, die am frischen Holz schliesslich in Löcher ausfallen; beiläufig bemerkt, habe ich früher ein anderes verkieseltes Holz mit Trametes Pini-ähnlichen Löchern in der Sammlung des Forstbotanischen Instituts zu München kennen gelernt. Einige der hier in Rede stehenden Stücke besitzen allerdings eine grobporige Beschaffenheit, jedoch rührt diese lediglich von eingedrungenen und später zum Theil wieder zerstörten Bohrmuscheln her; in Wirklichkeit habe ich mit blossem Auge nirgend eine Spur parasitischer Thätigkeit wahrnehmen können.

Nachdem das Holz des lebenden Baumes von Parasiten angegriffen war, stellten sich später *Saprophyten* ein, welche die Zersetzung desselben fortführten. Die Hyphen dieser

---

[1] R. Hartig, Die Zersetzungserscheinungen des Holzes der Nadelholzbäume und der Eiche. Berlin 1878. Taf. IV, Fig. 2. — Taf. VI, Fig. 6.

Pilze sind erheblich stärker, ferner dickwandig, septirt und verzweigt (Taf. VII, Fig. 3 g); die Farbe ist gelbbraun. Eine Bestimmung ist nicht ausführbar, jedoch begegnet man an allen faulen Hölzern der Jetztzeit ähnlichen Pilzhyphen, welche zumeist Pyrenomyceten angehören.

Durch das langanhaltende Zusammenwirken dieser Factoren trat ein Substanzverlust ein, der in mehrfachen Rissen im Holz zum Ausdruck gelangte. In den verkieselten Stücken sieht man häufig feine Sprünge, welche der Quere und Länge nach verlaufen, und deren Entstehen ich aus Analogie mit recenten Vorkommnissen[1] auf jene Ursache zurückführe. Als die Hölzer später ins Meer geriethen, waren sie vermöge dieser Zerklüftung dazu prädisponirt, bei anderweitiger mechanischer Einwirkung, in so scharfkantige Stücke zu zerfallen. Wenn nicht die Zersetzung durch parasitische Pilze vorangegangen wäre, hätten sich nicht immer gerade Endflächen ausbilden können, vielmehr würden die Bruchflächen uneben und mitunter splitterig ausgefallen sein.

Hier ist noch einer anderen *Trockenerscheinung* Erwähnung zu thun, welche im mikroskopischen Bilde nicht selten deutlich beobachtet werden kann (Taf. VII, Fig. 4). Im Querschnitt des Holzes tritt nämlich stellenweise die äusserste Wandschicht — die Primärwand — scharf hervor, was vielleicht auf den Umstand zurückzuführen ist, dass beim Liegen des frischen Holzes im Wasser die Wand stark geweicht und gelockert ist; beim späteren Trocknen hat sich die secundäre von der primären Wand abgelöst und ist zusammengeschrumpft, während sich die primäre Wand in Falten gelegt hat (Taf. VII, Fig. 4). Ich habe diese Erscheinung im Allgemeinen ziemlich häufig, und zwar in gesunden, wie auch in kranken Regionen dieses Holzes angetroffen; im Uebrigen ist sie mir von fossilen und recenten Hölzern nicht bekannt.

Wie schon oben erwähnt, ist das frische Holz er. Zt vielfach gebrochen und gespalten worden; die Wirkung dieser unbekannten Kräfte lässt sich nun auch im mikroskopischen Bilde wieder erkennen. Die Markstrahlen verlaufen nicht immer gerade radial, sondern stellenweise sanft gekrümmt, wie es auf Taf. VI, Fig 2 b' abgebildet ist, oder auch in knieförmig gebrochenen Linien. Gleichzeitig ist der Querschnitt der dort liegenden Zellen mehr oder weniger verschoben, und ihre Wände sind oft unregelmässig gefaltet; ferner finden sich kleine Risse und Lücken im Gewebe, die während der Versteinerung durch anorganische Substanz ausgefüllt wurden.

Die *petrificirende Masse* besteht theils aus krystallinischer, theils aus amorpher Kieselsäure, und zwar tritt erstere in den Dünnschliffen vorherrschend auf. Wie es gewöhnlich der Fall zu sein pflegt, ist nicht allein die Zellmembran verkieselt, sondern auch das Lumen und die Intercellularen sind gleichfalls mit Kieselsäure erfüllt. In diesem Fall ist im Querschnitt kein Unterschied in der Structur von Wandung und Hohlraum zu bemerken, d. h. beide bestehen entweder aus krystallinischer oder aus amorpher Kieselsäure. Anders im Längsschliff! Hier kommt es bisweilen vor, dass dieselbe Zelle in ihrem oberen Theile in krystallinische und in ihrem unteren Theile in amorphe Kieselsäure umgewandelt ist, und umgekehrt. Wenn man im horizontalen Dünnschliff einige durch amorphe Kieselsäure petrificirte Zellgruppen findet, sind es meist solche, die von Pilzen mehr oder

[1] R. Hartig, l. c. Taf. VII, Fig. 2. — Taf. VIII, Fig. 2.

weniger angegriffen waren. Ausserdem treten anorganische Beimengungen auf, die das Lumen der Zellen und die intercellularräume ausfüllen, während die Membran das gewöhnliche hyaline Ansehen behalten hat. Diese Beimengungen bestehen aus einer gekörnten schwärzlichen Masse, in der sich bisweilen auch kleine, Magnetit-ähnliche Krystalle unterscheiden lassen.

Unter Berücksichtigung aller dieser Vorgänge, welche sich zum Theil im lebenden und todten Holz, zum Theil erst während seiner Petrificirung abgespielt haben, wird es nicht Wunder nehmen, dass das mikroskopische Bild viel zu wünschen übrig lässt. Nur nach Anfertigung und Benützung einer grösseren Zahl von Präparaten war es möglich, die Schilderungen in obiger Ausführlichkeit zu geben.

Von den *Nadeln* der Nathorst-Kiefer liegen mir zwei, allerdings unvollständige, aber ziemlich deutliche Abdrücke vor. Die Conservirung derselben ist vornehmlich dem Umstande zu danken, dass durch später eingedrungenes Eisenoxydhydrat das mürbe Material der nächsten Umgebung fester miteinander verbunden ist. Gleichzeitig hat die hierdurch eingetretene gelbbraune Färbung bewirkt, dass die Structurverhältnisse deutlich hervortreten. Den ersten Abdruck (Taf. III, Fig. 2) fand ich schon beim Zertrümmern des Sandsteines an Ort und Stelle, während der andere erst hier, und zwar in demjenigen Stück zum Vorschein kam, in welchem ich den unten zu beschreibenden Zapfen entdeckte (Taf. I, Fig. 1 v). Der erstere Abdruck besteht in einer gestreckten halbcylindrischen Hohlform von c. 3,5 cm Länge und 0,5 bis 1 mm Breite; unter der Lupe erkennt man, besonders im unteren Theile, niedrige, etwas langgezogene Höckerchen, welche in parallelen Längsreihen stehen, die etwa gleichweit von einander entfernt sind (Taf. III, Fig. 3). Der zweite Abdruck ist c. 2,3 cm lang, in der mittleren Partie nicht erhalten und, wenngleich nicht völlig halbcylindrisch, immerhin concav; hier sind nur 6 bis 7 Reihen kleiner Höcker sichtbar, von welchen bisweilen zwei einander näher liegen. Diesen Erhebungen im Negativ entsprechen natürlich Vertiefungen im Original, und es ist nicht zu bezweifeln, dass wir es hier mit Ausfüllungen von Spaltöffnungen zu thun haben.

Aus der unveränderten Form des Abdruckes und aus der deutlichen Erhaltung der Structurverhältnisse in einem grobkörnigen mürben Material kann man folgern, dass der zugehörige Pflanzentheil steif und fest gewesen sein muss. Noch bevor das zweite Stück bekannt wurde, hatte ich im Manuscript jenen ersten Abdruck als den einer Pinus-Nadel bezeichnet; nachdem nun das zweite Exemplar unmittelbar zwischen Holz und Zapfen von P. Nathorsti liegend aufgefunden wurde, stehe ich nicht an, die Nadel auch zu dieser Species zu ziehen. Hauptsächlich nach dem ersten Stück zu urtheilen, ist der Querschnitt des einzelnen Blattes halbkreisförmig gewesen, und hieraus folgt weiter, dass je zwei Nadeln in einer gemeinsamen Scheide gesessen haben.

Zapfen. Eins der grösseren Stücke aus Ryedal enthält den 19 cm langen und 2,5 cm breiten Abdruck eines Astes, welchem oben einige verkieselte Holzreste (h) an-

haften, während das unterste Ende (c d) gänzlich versteinert ist. Hier geht auch noch
ein Bruch quer hindurch und der entstandene Zwischenraum ist mit Sandstein wieder
ausgefüllt. In Folge von Sinterbildungen stellt der Abdruck im Allgemeinen eine rauhe
Fläche dar, welche Structurverhältnisse nicht erkennen lässt, und diese Erscheinungsweise
giebt das auf Taf. I befindliche Bild wieder. Aber bei einer gewissen Beleuchtung ge-
winnt es den Anschein, als ob noch ein schwacher Abdruck der Rinde mit spiralig angeordneten Blattnarben sichtbar wäre. Ob diese Facies thatsächlich organischen Ursprungs
ist oder nicht, lasse ich dahingestellt, indessen wurde ich hierdurch zunächst zu der Vermuthung geführt, dass sich wohl noch andere Organe an dem Ast oder in dessen Nähe
erhalten haben könnten. Die deshalb weiter ausgeführte Präparation lieferte insofern ein
sehr günstiges Resultat, als hierdurch nicht nur der vorher erwähnte Blattrest, sondern
auch ein vollständiger Zapfen (f) aufgefunden wurde, welcher beim Absprengen der umgebenden Gesteinsmasse der Länge nach aufspaltete.

Dieser Zapfen hat eine länglich-eiförmige Gestalt von 3,8 cm Höhe und 2,4 cm
Breite und ist im Allgemeinen dunkelbraun, in einigen verkieselten Theilen der Spindel
und Schuppen hellgrau gefärbt. Die Fruchtschuppen sind keilförmig und die Samen linsenförmig; die Flügel der letzteren konnten nicht wahrgenommen werden. Der Zapfen
befindet sich unter spitzem Winkel unmittelbar an jenem Ast und hat offenbar in organischem Zusammenhang mit demselben gestanden. Auf der anderen Seite dieses Astes, in
derselben Höhe, ist ein rundlicher brauner Fleck vorhanden, der vielleicht von einem zweiten Zapfen herrühren mag. In diesem Falle wäre anzunehmen, dass die Zapfen nicht
einzeln, sondern zu mehreren quirlig angeordnet gewesen sind. Ob sie aufrecht gestanden
haben oder zurückgebogen waren, lässt sich nicht entscheiden, weil beide Enden des Astes
ziemlich gleich dick sind, und daher das obere und untere Ende nicht auseinander gehalten
werden können. Bei der gedachten Abbildung des Handstückes auf Taf. I habe ich angenommen, dass der Zapfen am lebenden Baum nach unten gerichtet war, weil an den
meisten jetzigen Kiefern die Zapfen schon im ersten Jahre etwas herabgekrümmt und im
zweiten ganz nach abwärts gerichtet zu sein pflegen.

Es sei hier beiläufig darauf hingewiesen, dass ich gelegentlich einer anderen Publi-
cation[1] im Jahre 1889 das oben beschriebene Holz als ein Pityoxylon bestimmt hatte.
Durch die nachträglich aufgefundenen Nadeln und besonders durch den Zapfen wird die
Richtigkeit der damaligen Bestimmung bestätigt.

Was im Allgemeinen das Vorkommen der Gattung Pinus in früheren Erdperioden
Schwedens betrifft, so sind zunächst von A. G. NATHORST aus den rhätischen Ablagerungen bei Pålsjö zwei Arten — Pinites Lundgreni und P. Nilssoni — beschrieben,[2] welche
auf Samen gegründet wurden, obwohl Zapfenreste auch nicht fehlen. Später hat er in

----

[1] H. CONWENTZ, Ueber Thyllen und Thyllen-ähnliche Bildungen, vornehmlich im Holze der Bernsteinbäume. Berichte der Deutschen Botanischen Gesellschaft. Band VII. Berlin 1889. S. (37).
[2] A. G. NATHORST, Bidrag till Sveriges fossila flora. Vetenskaps-Akademiens Handlingar. Bd. XIV.
N:o 3. Stockholm 1876.

der deutschen Ausgabe¹ dieselben Arten unter Pinus aufgenommen, was ihm jetzt aber, nach einer brieflichen Äusserung zu urtheilen, nicht ganz glücklich erscheint, da ähnliche Samen auch in anderen Gattungen vorkommen können. Ferner macht ECKSTÄDT eine Angabe, laut welcher der Docent der Botanik Dr. B. JÖNSSON ihm mitgetheilt haben soll, dass die Holzreste des tertiären Basalttuffes von Djupadal in Schonen durchweg Coniferen sind — was übrigens NATHORST schon längst ausgesprochen hatte — und dass sämmtliche wahrscheinlich zur Gattung Pinus gehören.¹ Es sollen zwei Arten vorkommen, deren eine am nächsten der Kiefer und deren andere am nächsten der Rothfichte steht. Ich selbst habe diese Hölzer nicht untersucht und kann daher aus eigener Anschauung nicht entscheiden, in welchem Grade jene Angaben zutreffend sind. Endlich findet sich Pinus silvestris L. in den postglacialen Kalktuffablagerungen Schwedens, welche ausserdem eine ganze Reihe anderer Pflanzen, welche der gegenwärtigen Flora angehören, führen.

Hiernach dürfte Pinus Nathorsti die älteste echte Kiefer, und zwar aus der Gruppe der zweinadeligen Kiefern, sein, welche bisher in Schweden bekannt geworden ist.

———

2.

Cedroxylon Ryedalense CONW. nov. spec.

Taf. VII, Fig. 5—9. — Taf. VIII, Fig. 1.

Cortex non conservatus.

Ligni strata concentrica distinctissima. Tracheides in sectione transversali rectangulares vel polygonatae, tangentialiter 26,5 μ latae, in parietibus radialibus poris areolatis c. 14,5 μ (10—18,5 μ) altis uniserialibus instructae. Cellulae parenchymatosae nullae visae. Ductus resiniferi nulli. Radii medullares uniseriales c. 36 (32—40) in millimetro quadrato sectionis tangentialis siti, vulgo 0,17—0,27 (0,85—0,52) alti plerumque e cellulis 9 (1—22) superpositis formati.

Medulla e cellulis sphaeroideis paulum pachytichis composita.

Omnia specimina a fungis parasiticis et saprophyticis atque pholadidis laesa.

Sammlung der Geologischen Untersuchung in Stockholm.

———

Die wenigen kleinen Bruchstücke, welche hierher zu rechnen sind, fand Herr Dr. O. HOLST in einem Block des Holma-Sandsteins bei Ryedal im Sommer 1887. Alle von mir zwei Jahre später dort gesammelten fossilen Hölzer gehören nicht zu Cedroxylon, sondern ausschliesslich zu Pinus Nathorsti. Die meisten jener Stücke haben eine scharfkantige schalige Form, welche ihre Abtrennung aus dem Holzkörper in der Richtung der Jahres-

¹ A. G. NATHORST, Beiträge zur fossilen Flora Schwedens. Stuttgart 1878.
² Geologiska Foreningens Förhandlingar. Bd. VI, p. 414.

ringe entspricht; nur in einem Falle liegt ein kurzes Astholz nahezu in seinem ganzen Umfange, einschliesslich des Markcylinders, vor. Die Rinde hat sich weder hier noch an anderen Exemplaren erhalten, was um so weniger überraschen kann, als sich ergiebt, dass sie durchweg vor ihrer Versteinerung im Wasser gelegen haben. Jedes derselben enthält nämlich einige von Bohrmuscheln angelegte Gänge, welche im Innern entweder mit kleinen Quarzkrystallen besetzt oder gänzlich durch Sandsteinmasse ausgefüllt sind. Wenn die Hölzer dieses Vorkommens, sowie ihre scharfkantige Form, mit Pinus Nathorsti gemein haben, zeigen sie im Uebrigen dem Äussern nach eine gewisse Verschiedenheit. Cedroxylon ist mehr oder weniger gelbbraun gefärbt und besitzt eine gröbere Faser, während Pinus Nathorsti — wie wir oben gesehen haben — zum grössten Theil hellgrau, fast weisslich und feinfaserig ist. Vor Allem springen an ersterem die Jahresringe makroskopisch in die Augen, wogegen sie bei letzterer selbst unter der Lupe schwer zu unterscheiden sind.

Das *Holz* zeigt unter dem Mikroskop keine günstige Erhaltung, und zwar beruht dieses vornehmlich auf dem Umstande, dass es am grünenden Baum und später vor seiner Petrificirung in hohem Grade der Zersetzung durch Pilze unterworfen gewesen ist. Die Jahresringe des Aststückes bestehen meist aus zwei Schichten: der mittleren, welche hauptsächlich aus polygonalen, und der äusseren, welche besonders aus rechteckigen, radial verkürzten Tracheiden zusammengesetzt ist; hingegen tritt die innere, welche gleichfalls aus rechteckigen, aber radial erweiterten Zellen gebildet wird, mehr oder weniger zurück, wie es auch sonst in Asthölzern der Fall zu sein pflegt. Die Jahresringe der anderen, schalenförmigen Stücke besitzen einen mehr vollständigen Bau aus allen drei Schichten, was darauf hindeutet, dass sie älteren Ästen oder Stämmen angehören. Die Tracheiden machen, sofern nicht durch die Wirksamkeit der Pilze Veränderungen eingetreten sind, ein festes Gewebe aus, das kleine Intercellularen von dreiseitigem Querschnitt zwischen sich erkennen lässt. Die tangentiale Breite der Tracheiden ist wechselnd und beträgt im Mittel 26,5 μ. Ihre radialen Wände besitzen kreisrunde Hoftüpfel, welche in kleinen Zwischenräumen einreihig angeordnet sind; die Tüpfelhöhe schwankt zwischen 10 μ und 18,5 μ und beläuft sich gewöhnlich auf 14,5 μ. In der Tangentialansicht habe ich diese Radialtüpfel nicht wieder erkannt, aber auch die auf der Tangentialwand selbst bisweilen auftretenden, kleineren Hoftüpfel konnten nicht wahrgenommen werden.

Holzparenchym scheint gänzlich zu fehlen, wenigstens habe ich nirgend die geringste Andeutung desselben beobachtet. Wenn man auch den ungünstigen Erhaltungszustand berücksichtigt, muss man immerhin annehmen, dass sich hier oder da eine Parenchymzelle oder deren harziger Inhalt würde erhalten haben, falls solche überhaupt vorhanden gewesen wären. Aus dem mikroskopischen Bilde geht mit Bestimmtheit hervor, dass Holzparenchym — wenn überhaupt — äusserst selten vorgekommen ist. Infolge dieses Mangels an Holzparenchym, fehlen natürlich auch schizogene Harzgänge; die unregelmässig begrenzten Lücken, welche nicht selten im Querschnitt des Holzes bemerkbar sind (Taf. VII, Fig. 5 u. 6), haben eine andere Entstehungsursache, wie unten erörtert werden wird.

Die Markstrahlen sind einschichtig (Taf. VII, Fig. 8) und 1 bis 22, gewöhnlich 8 bis 10 Stockwerke hoch; dieser Zellhöhe entspricht eine Höhe von 0,03 bis 0,07 mm, durchschnittlich von 0,17 bis 0,22 mm. Selten kommt es vor, dass die eine oder andere Etage aus zwei Zellreihen gebildet wird, jedoch habe ich nirgend wahrgenommen, dass ein Strahl der ganzen Höhe nach oder auch nur in seinem mittleren Theile zweischichtig ist. Wegen mangelhafter Erhaltung lässt sich nicht entscheiden, ob die Strahlen lediglich aus Parenchymzellen oder auch aus Quertracheiden bestehen; die Höhe der Zellen ist 15,2 bis 26,4 μ, im Mittel 19,4 μ. Angesichts des einschichtigen Baues gilt das Vorkommen von schizogenen Harzgängen für ausgeschlossen. Bezüglich der Dichtigkeit ist zu erwähnen, dass 32 bis 40, gewöhnlich 36 Markstrahlen auf 1 qmm Tangentialfläche kommen.

Das *Mark* besteht aus rundlichen Zellen, deren Membran verdickt ist. Zum grössten Theil ist das Mark, wahrscheinlich infolge des Fäulnissprocesses, ausgefallen, und die hierdurch entstandenen Lücken sind durch die umschliessende Sandsteinmasse wieder ausgefüllt. Daher kann auch von der Markkrone nichts wahrgenommen werden.

Aus dieser Darstellung geht hervor, dass wir es hier mit einem Nadelholz zu thun haben, welches die Structur des Holzes unserer heutigen Tannen (Abies Juss.), Schierlingstannen (Tsuga Carr.) und Cedern (Cedrus Loud.) besitzt. Diese drei Gattungen sind aber so gleichförmig gebaut, dass man nicht zu entscheiden vermag, welcher derselben das vorliegende Holz am nächsten steht. Wir stellen es daher zu Cedroxylon, welches alle derartigen fossilen Hölzer umfasst, und bezeichnen es nach seinem Fundort als C. Ryedalense.

Die Hölzer befanden sich nicht in normalem Zustande, als sie dem Verkieselungsprocess unterworfen wurden. Schon der lebende Baum war von parasitischen Pilzen befallen, und wir sehen bisweilen noch deren zarte verzweigte Hyphen in den Holzzellen. Aber in weit grösserer Mächtigkeit haben sich später Saprophyten im todten Holz entwickelt, und diese sind es, welche an vielen Stellen der Dünnschliffe das mikroskopische Bild völlig beherrschen. Die Hyphen dieser Pilze sind stark und dickwandig, septirt und vielfach verzweigt; sie verlaufen sowohl vertical als auch radial innerhalb der Markstrahlen und tangential, besonders zwischen den Jahresringen. Sie bilden zuweilen gewebeartige Schichten, welche die dem Holz eigenthümliche Structur völlig verdecken, soweit diese überhaupt nicht schon vorher geschwunden ist. Diese Ausbildungsweise wird beispielsweise durch den auf Taf. VIII, Fig. 1 abgebildeten Schliff veranschaulicht, welchen man a priori für einen radialen halten könnte, während er thatsächlich tangential geführt ist, aber die dieser Richtung charakteristische Structur völlig eingebüsst hat. Nach Angaben des Herrn Oberstabsarzt Prof. Dr. J. Schröter in Breslau, welchem ich diesen Saprophyten vorlegte, ist letzterer als Dematiee zu bezeichnen. Ausser Verbindung mit diesen Hyphen kommen an einigen Stellen auch rundliche oder langgezogene, ungetheilte, braune Sporen (Taf. VII, Fig. 9) vor, welche nach dem genannten Pilzforscher an diejenigen erinnern, die manche Trichosporium-Arten, z. B. Tr. fuscum Link besitzen.

Die Einwirkung der Pilze auf das frische Holz äussert sich in einem Schwinden der Substanz. Hauptsächlich im Querschnitt bemerkt man, dass die Tracheiden bisweilen so dünnwandig sind, wie es bei normaler Ausbildung in keinem Nadelholz vorkommt (Taf. VII, Fig. 7), und zwar bezieht sich diese Erscheinung nicht allein auf das Frühjahrs-, sondern auch auf das Sommerholz. Ferner ist hier ein Schrumpfen in ähnlicher Weise eingetreten, wie es schon oben aus dem Holz der Pinus Nathorsti erwähnt wurde. Die primäre und secundäre Schicht der Zellwand haben sich von einander getrennt und sind mehr oder weniger zusammengetrocknet; in höherem Masse scheint dieses bei der letzteren der Fall gewesen zu sein. Während sich aber bei Pinus Nathorsti die dicke secundäre Schicht gleichmässig zusammenzog und abrundete, hat sich bei Cedroxylon die Secundärschicht der Zellwand, welche hier gewöhnlich dünnwandig ist, bisweilen in Falten gelegt.

Im horizontalen Dünnschliff durch das fossile Holz bemerkt man häufig in der Region der Sommerschicht unregelmässige Lücken, welche seitlich gewöhnlich von Markstrahlen begrenzt werden (Taf. VII, Fig. 5, 6). Sie unterscheiden sich von den durch parasitische Pilze hervorgerufenen Lücken insofern, als sie — dem Verlauf der Zellwände entsprechend — eckig sind, während sich diese, unter allmählich fortschreitender Auflösung der Membranen, mehr oder weniger abrunden. Auf meine Anfrage theilte Herr Prof. Dr. Rob. Hartig in München mir mit, dass ihm kein Parasit bekannt sei, der eine derartige Zersetzung im Sommerholz erzeugt. Ich meine nun, dass jene Erscheinung überhaupt nicht auf organische Vorgänge im grünen oder abgestorbenen Holz, sondern auf ganz andere Processe, die während der Versteinerung obgewaltet haben, zurückzuführen ist. Ich habe nämlich schon früher auf Querschnitten durch verkieselte Hölzer, namentlich aber auf solchen durch Braunkohlenhölzer, welche erst theilweise verkieselt waren, bemerkt, dass besonders in der Region des Sommerholzes die Markstrahlen und die ihnen zunächst befindlichen Tracheiden bereits petrificirt waren, während die dazwischen liegenden Zellen noch eine holzartige Consistenz besitzen. Hieraus ist zu folgern, dass sich der Verkieselungsprocess im vorliegenden Falle vornehmlich in der Richtung der Markstrahlen vollzieht, und dass unter Umständen einzelne Partien der dickwandigen Sommerzellen von denselben unberührt bleiben können. Wenn diese nun etwa durch Einwirkung der Atmosphärilien zerstört werden oder später bei Herstellung des Präparates herausfallen, würde ein ähnliches Bild, wie es auf Taf. VII, Fig. 5 u. 6 gezeichnet ist, zu Stande kommen. Demnach halte ich dafür, dass diese Lücken zunächst durch die unvollkommene Versteinerung der Stücke verursacht sind.

Ausserdem ist zu erwähnen, dass die Hölzer im frischen Zustande einen Druck erlitten haben, denn man bemerkt an manchen Stellen der horizontalen Dünnschliffe eine nachträgliche Ablenkung der Markstrahlen und eine spätere Veränderung des Querschnittes der Zellen.

Was endlich das Petrificirungsmaterial betrifft, so gilt hier im Allgemeinen dasselbe, was oben über die Hölzer von Pinus Nathorsti ausgesagt wurde.

- - - - - - -

3.

Sequoites Holstl Nath. nomen tantum.
Taf. III, Fig. 4 u. 5. — Taf. IV, Fig. 1 - 4. — Taf. VIII, Fig. 2 - 7.

Ramuli robustiores teretes vel statu fossili subcompressi foliis brevioribus rigidis arcte imbricatis spiraliter dispositis parte libera ovato-acuminatis apice recurvis dorso convexis nervo medio valido instructi. Ramuli tenuiores teretes foliis longioribus spiraliter dispositis linearibus acicularibus in sectione transversa rhomboideis induti.

Cortex partim conservatus. Ligni strata concentrica obsoleta. Tracheides sectione transversa rectangulares vel polygonatae, tangentialiter 28,4 μ latae radialiter poris areolatis rotundis 15 μ (10,3—19,1) altis unica serie haud contigua dispositis munitae. Cellulae parenchymatosae singulae rarissimae vel nullae, ductus resiniferi nulli. Radii medullares uni- vel biseriales, nullum ductum resiniferum includentes, 0,1 mm (0,072 — 0,30 mm) lati plerumque e cellulis 5 (1—13) superpositis formati, 59 (51—64) in millimetro quadrato sectionis tangentialis siti. Radiorum cellularum parietes radiales poris rotundis vel ellipticis pro latitudine tracheidum singulis vel geminatis simplici vel duplici serie superpositis instructi.

Medullae corona obsoleta. Medulla statu fossili valde compressa, e cellulis sphaeroideis vel polygonatis interdum pachytichis porosis composita.

Sammlung der Geologischen Untersuchung in Stockholm.

—————

Mit obigem, bisher unveröffentlichtem Namen ist von A. G. NATHORST in der Sammlung der Geologischen Untersuchung von Schweden ein Abdruck im Holma-Sandstein belegt worden, welchen O. HOLST im Jahre 1887 bei Norje im Kirchspiel Ysane aufgefunden hatte.[1] Das Stück ist nachträglich zerbrochen und besteht aus einem kürzeren oberen und einem längeren unteren Theile, welche indessen fast unmittelbar aneinanderschliessen (Taf. IV, Fig. 2). Obwohl von organischer Substanz keine Spur vorhanden ist, zeigt der Hohldruck in dem sonst nicht gerade günstigen Material eine deutlich erhaltene Structur, was hauptsächlich auf eine dichtere und härtere Beschaffenheit des Sandsteins an dieser Stelle zurückzuführen ist. Die Oberfläche desselben besitzt kein frisches Aussehen, sondern wird von einer leichten Patina überzogen, welche sich in loco unter Einwirkung der Atmosphaerilien gebildet haben mag.

Der Abdruck gehört einem schlanken rundlichen Zweige an und ist c. 12 cm lang und am unteren Ende 1 cm dick; auf der linken Seite geht etwa in ¼ Höhe unter spitzem Winkel ein sehr dünner Seitenzweig ab, welcher sich nicht weit verfolgen lässt. Der Hauptzweig ist mit breit-dreieckigen, spitzen, gekielten, kleinen Blättern besetzt (Taf. IV, Fig. 3), welche dicht gedrängt in Spiralen stehen und mehr oder weniger angedrückt (schuppenförmig?) sind. Sie erreichen in der mittleren Partie des Hauptzweiges die grössten Dimensionen, während sie sich nach unten, besonders aber nach oben hin etwas verkleinern und in letzter Richtung gleichzeitig undeutlich werden. Das vorhandene Zweigstück verläuft nahezu gerade, nur in seinem unteren Theile leicht gebogen.

Ausser diesem besitzt die Geologische Untersuchung von Schweden noch ein zweites Stück, welches O. HOLST in demselben Jahre sammelte (Taf. III, Fig. 4). Dieses zeigt die Hohlform eines Zweiges in seinem ganzen Umfange, jedoch nur auf eine Strecke von etwas mehr als 3 cm. Die Blattabdrücke kommen in ihrer Grösse den kleineren des ersten Stückes gleich, sind aber nicht so vollkommen erhalten, wie diese; daher ist auch der in der Mitte verlaufende Kiel nicht ausgeprägt. Dieses Exemplar beansprucht insofern

—————

[1] Geologiska Föreningens Förhandlingar. N:o 117. Bd. X, H. 5. Stockholm 1888.

ein hervorragendes Interesse, weil sich in directer Fortsetzung des Hohldruckes ein *verkieseltes* Zweigstück anschliesst. Wenn man in den auf Taf. III, Fig. 4 dargestellten Hohldruck hineinsieht, bemerkt man im Grunde desselben den versteinerten Fortsatz (Fig. 5); auf der entgegengesetzten Seite des Sandsteines tritt derselbe zu Tage und ist hier in horizontaler Richtung angeschliffen (Taf. IV, Fig. 1). Ursprünglich war seine Länge nicht unbeträchtlich; nachdem aber zahlreiche Dünnschliffe abgenommen werden mussten, beträgt sie kaum mehr als 1 cm.

Das Holz ist durchweg tiefbraun, nur an den freien Enden farblos, wahrscheinlich in Folge des Einflusses der Atmosphaerilien, dementsprechend sind natürlich auch die hier entnommenen Dünnschliffe hyalin und zur mikroskopischen Untersuchung sehr wenig geeignet. Der Umriss ist, wie bereits oben erwähnt wurde, elliptisch, und die beiden Axen messen 19 bzw. 13 mm. Obwohl gewisse Störungen im Holzgewebe darauf hindeuten, dass der Zweig nachträglich gedrückt worden ist, kann man annehmen, dass er auch von vornherein nicht rund gewesen ist. Der conservirte Rest besteht aus Rinde, Holz und Mark. Erstere ist schon mit blossem Auge überall an der dunkelbraunen Farbe und an der Schuppenbildung zu erkennen; selbst in denjenigen Partien, wo das Holz entfärbt ist, besitzt die Rinde einen dunkelen Ton. In der Aussenrinde sieht man dünnwandige Parenchymzellen von sphaeroidischer Gestalt und in der Innenrinde kann man die schräge und geschlängelte Spur der Rindenstrahlen verfolgen. Ferner treten abwechselnd hellere und dunkelere Schichten auf, die zur Borkebildung Anlass geben, und hier und da kann man deutliche Phelloidzellen wahrnehmen. Auf diese Weise empfängt man einen allgemeinen Ueberblick über die Rinde, wennschon uns deren genauer Bau verborgen bleibt.

Im Holzkörper bemerkt man gewisse concentrische Schichten, welche makroskopisch im Dünnschliff etwas bestimmter und zahlreicher erscheinen. Wenn man diesen aber bei stärkerer Vergrösserung betrachtet, gelingt es nicht immer, an solchen Stellen ausgeprägte Jahresringe nachzuweisen. Bekanntlich kommt es auch bei anderen Hölzern vor, dass die Sommerzellen — wenn sie auch nicht durch dickere Wandungen auffallen — in ihrem optischen Verhalten von den anderen Tracheiden abweichen, und daher bei makroskopischer Beobachtung eine deutliche Schichtung im Holz hervorrufen. Immerhin kann man auch bei Sequoites Holsti einzelne Jahresringe erkennen (Taf. VIII, Fig. 2), welche eng sind und ziemlich regelmässig verlaufen. In denselben herrscht die mittlere Schicht, aus dickwandigen, mehr oder weniger polygonalen Zellen bestehend, vor, und die innere, welche aus dünnwandigen, rechteckigen Tracheiden zusammengesetzt ist, tritt völlig zurück. Dieses Verhalten entspricht dem allgemein herrschenden Bau enger Jahresringe im Astholz der Coniferen.

Die Tracheiden bilden ein festes Gewebe mit kleinen Intercellularen. Die Wandstärke ist in den meisten Fällen normal, nur hin und wieder hat sie unter dem Einfluss von Pilzen gelitten. Die Zellen sind im Mittel 28,4 μ breit und ihre radialen Wände werden mit behöften Tüpfeln von 10,5 bis 19,1 μ, gewöhnlich 15,1 μ Höhe bekleidet. Diese stehen, unter geringen und ziemlich gleichmässigen Abständen von einander, in einer Längsreihe (Taf. VIII, Fig. 4); Doppelreihen habe ich nirgend gesehen. Ueberhaupt erscheinen die Tüpfel nicht gerade häufig: sei es, dass sie im Holz selbst spärlich vorhanden waren oder sei es, dass ihr Bild durch Zersetzungserscheinungen verändert und local geschwunden ist. Tangentialtüpfel fehlen. Ebensowenig konnte ich eine Spiral-streifung der Zellwand wahrnehmen, womit aber nicht gesagt sein soll, dass beide Er-scheinungen auch dem frischen Holz gefehlt haben.

Im Holzkörper vieler Coniferen erscheint neben den Längstracheïden noch Holzpa-renchym, entweder in einzelnen Zellreihen oder in Bündeln, welche dann gewöhnlich einen schizogenen Harzgang einschliessen. Letzteren habe ich mit Sicherheit nicht wahrgenom-men, und ob Parenchym überhaupt vorkommt, scheint mir zweifelhaft zu sein. Bei auf-merksamer Durchsicht der horizontalen Dünnschliffe bemerkt man freilich stellenweise sehr dünnwandige Zellen von demselben Querschnitt, wie die benachbarten dickwandigen Tra-cheïden, und unter anderen Umständen würde man jene ohne Weiteres für Parenchym ansprechen dürfen. Da ich aber auf keinem der Längsschliffe, trotz eifrigen Suchens, deutliche Parenchymzellen wiederfinden konnte, halte ich es nicht für ausgeschlossen, dass jene dünnwandigen Zellen des Querschnitts pathologisch veränderte Tracheïden sind. An-gesichts des kranken Zustandes des Holzes, lässt sich meines Erachtens die Frage — ob es einst Parenchym besessen hat — nicht sicher zur Entscheidung bringen.

Die Markstrahlen sind ein- bis zweischichtig (Taf. VIII, Fig. 7), d. h. sie bestehen in der Tangentialansicht aus einer (b) oder zwei (b') nebeneinander liegenden Zellschich-ten, und schliessen nie einen Harzgang ein. Die Anzahl der Stockwerke wechselt von 1 bis 13 und beträgt durchschnittlich 4 bis 5; demgemäss sind die Strahlen 0,03 bis 0,24, durchschnittlich 0,08 bis 0,12 mm hoch. Es ist nicht zu erkennen, ob sie lediglich aus Parenchymzellen oder auch aus Quertracheïden zusammengesetzt sind. Die Tüpfelung ist selten sichtbar. Es kommen entweder ein grosser rundlicher oder zwei längliche Tüpfel nebeneinander, oder drei auch vier in zwei Reihen übereinander, auf die radiale Breite einer Tracheïde. Diese Mannigfaltigkeit der Tüpfel ist auf Taf. VIII, Fig. 6 veranschau-licht, jedoch halte ich es nicht für unwahrscheinlich, dass die Form und Grösse derselben durch nachträglichen Substanzverlust, der in Folge parasitärer Einwirkung eingetreten ist, wesentlich verändert wurde. Die Strahlenzellen sind 19 bis 30,5 gewöhnlich 24 u hoch. Was die Dichtigkeit der Markstrahlen anlangt, so liegen 51 bis 64, durchschnittlich 59 in 1 qmm der Tangentialfläche.

Das Mark erscheint zufolge der Quetschung, welche das ganze Zweigstück erfahren hat, schmallinsenförmig; ob es ursprünglich rundlich oder strahlig gewesen ist, lässt sich nicht feststellen. An der Peripherie des Markcylinders sieht man bisweilen noch einzelne, der Markkrone angehörige Zellen, in denen Andeutungen zu ring- und spiralförmigen Ver-dickungen vorhanden sind. Das Mark selbst besteht aus einem lockeren Gewebe kugeliger oder in der Längsrichtung des Organs gestreckter Zellen, welche oft fest aneinander schliessen und sich polyëdrisch abplatten. Einzelne sind verdickt und getüpfelt, jedoch lässt sich eine gesetzmässige Vertheilung dieser Zellen nicht nachweisen.

Schliesslich ist noch zu erwähnen, dass vornehmlich im Tangentialschliff die spiralig angeordneten Blattspuren im Holz scharf hervortreten.

Die mikroskopische Betrachtung des Astholzes lehrt, dass es *nicht gesund war*, als es dem Verkieselungsprocess ausgesetzt wurde. Von Pilzhyphen sieht man gegenwärtig allerdings nur sehr geringe Ueberreste, jedoch weisen gewisse Zersetzungserscheinungen auf deren einstige Existenz hin. Zunächst bemerkt man im Querschnitt zahlreiche, rundliche oder elliptische helle Flecken, welche uns so mehr in die Augen fallen, als das Holz im Uebrigen meist eine dunkele Farbe besitzt (Taf. VIII, Fig. 2). Bisweilen empfängt man den Eindruck, als ob sie in gewissen Abständen nahezu regelmässig angeordnet seien. Auf diese Weise kommt unter schwächerer Vergrösserung ein ähnliches Bild zustande, wie es sonst etwa durch schizogene Intercellularen, z. B. im recenten Kiefernholz, hervorgerufen wird, und es bedurfte einer wiederholten eingehenden Prüfung, um die Ueberzeugung zu gewinnen, dass hier de facto keine veränderten Harzgänge vorliegen. An einigen wenigen Stellen kann man bei stärkerer Vergrösserung beobachten, dass die Tracheïden und Markstrahlen, unter wesentlicher Verringerung ihrer Wandstärke, theilweise auch noch in jenen hellen Flecken selbst vorhanden sind. Vermuthlich in Folge localen Einwirkens von Pilzen, ist die Membran gewisser Zellgruppen einem allmählichen Auflösungsprocess von innen nach aussen unterworfen gewesen, und im weiteren Verfolg blieb die äusserste Wandschicht allein übrig. Dieses Stadium ist auf Taf. VIII, Fig. 3 dargestellt, wo sich noch mehrere Radialreihen Tracheïden und auch ein Markstrahl durch die helle Region hindurch fortsetzen. Im späteren Stadium, das in den fleckigen Stellen dieses Holzes vorwiegend vertreten ist, hat sich auch jene Primärwand der Zellen mehr oder weniger aufgelöst. Wenn wir diese Vorgänge mit der Zersetzung recenter Hölzer vergleichen, finden wir zunächst, dass derartige Flecken bei verschiedenen Krankheiten des Holzes der Nadelholzbäume nicht selten vorkommen. Unter dem Mikroskop betrachtet, ergiebt sich aber insofern eine Verschiedenheit, als im fossilen Holz gewöhnlich die äusserste Wandschicht zuletzt aufgelöst wird, während dort das Umgekehrte stattfindet. Indessen kommt es in einzelnen Fällen, z. B. in gewissen Regionen der von Trametes radiciperda R. HARTIG und Polyporus borealis Fr. zersetzten Nadelhölzern der Jetztzeit vor, dass die primäre länger als die übrigen Wandschichten Widerstand leistet. Eine Bestimmung des Pilzes, welcher jene Zersetzung im Holze des Sequoites Holsti hervorgerufen hat, ist hiernach nicht möglich.

Ausserdem treten andere Erscheinungen in demselben Holze auf. An manchen Stellen ist die Innenwand der Zellen mit einer, nach verschiedenen Richtungen beim Trocknen rissig gewordenen, bräunlich-gelben Substanz oder auch mit einem feingekörnelten Niederschlag bedeckt. Ferner treten zahlreiche feine, schräge aufsteigende Spalten in der Membran — ausser in der primären Wand — auf, während letztere theilweise oder gänzlich aufgelöst wird; daher liegen dann die Tracheïden isolirt nebeneinander, wie es auf Taf. VIII in den Figuren 4 und 5 abgebildet ist. Gleichzeitig geht bisweilen der Hof der Tüpfel verloren, und ich glaube wohl, dass diese Erscheinung mit der Auflösung der äussersten, zarten Wandschicht und mit der Verringerung der secundären Membran in Zusammenhang steht. Man kann in derselben Tracheïde (Taf. VIII, Fig. 4) das allmähliche Schwinden des Hofes beobachten, bis endlich nur die Tüpfelöffnungen (k) übrig bleiben; durch die regelmässige Anordnung sind sie von Pilzlöchern wohl zu unterscheiden.

Die soeben beschriebene Zersetzung erinnert an diejenigen Erscheinungen, welche ROB. HARTIG bei der Wundfäule lebender Nadelhölzer wahrgenommen hat. Ausser den durch bestimmte parasitische Pilze erzeugten Krankheitsprocessen, giebt es nämlich eine Reihe einander ähnlicher Vorgänge, bei welchen schon vor dem Eindringen der Pilze ein Absterben des Holztheiles in Folge ausserer Verwundungen oder schädlicher Einflüsse des Bodens und Klimas stattgefunden hat. In diesem Falle treten die Pilze also secundär auf und besitzen auch keinen parasitischen, sondern nur einen saprophytischen Charakter; nichtsdestoweniger spielen sie eine hervorragende Rolle und beschleunigen in der Folge wesentlich den ganzen Zersetzungsprocess. Wenn atmosphärisches Wasser in die Wunde gelangt, werden die Zersetzungsproducte im Innern der Markstrahlen und Tracheïden gelöst und in gesunde Partien des Holzes fortgeführt. Daher erscheint dann stellenweise eine braune oder auch schwarzbraune Färbung im Holz. Nach dem Austrocknen finden sich jene Erzeugnisse als brüchige Ausfüllungsmasse im Lumen der Zellen wieder, wo sie oft auf weite Strecken die Wand bedecken. Der genannte Forscher liefert von wundfaulem Fichtenholz der Gegenwart ein Bild[1], welches in hohem Maasse der hier in Rede stehenden Zersetzung ähnlich sieht. In HARTIG's Figur links sind die Wände zweier Tracheïden mit jener, durch Austrocknen unregelmässig gerissenen Masse bzw. mit einem körnigen Niederschlag belegt, während die beiden Zellen rechts, nach Auflösung der äussersten Wandschicht, isolirt sind; überdies zeigt die letzte dieser Zellen eine schräge aufsteigende Spaltung der secundären Membran. Es wurde bereits oben erwähnt, dass unser fossiles Astholz in seinem Innern tiefbraun gefärbt ist, und es scheint mir wohl möglich zu sein, dass dieser Ton noch dem ursprünglichen Aussehen des Stückes vor seiner Versteinerung entspricht. Alle diese Erscheinungen deuten darauf hin, dass der vorliegende Ast wundfaul gewesen ist.

Ferner macht sich an manchen Stellen des Holzes ein allgemeines Schwinden der Substanz bemerkbar, das als Gesammteffect der Zersetzungsvorgänge aufzufassen ist. Sehr deutlich tritt dieses beispielsweise an den Tüpfeln der Strahlenzellen hervor, die sich bisweilen in dem Grade erweitern, dass ihre Ränder zusammenfliessen (Taf. VIII, Fig. 6). Ich habe schon einmal eine ähnliche Erscheinung in fossilen Hölzern, und zwar bei Pinus succinifera m.[2] beobachtet und werde auch in dieser Arbeit Gelegenheit haben, bei einem anderen verkieselten Holz nochmals darauf zurückzukommen.

Endlich ist zu erwähnen, dass das Gefüge des Holzes durch einen Druck von aussen nachträglich verändert ist. Im horizontalen Dünnschliff sind nämlich die Markstrahlen seitlich abgelenkt und der Querschnitt der Zellen ist mehr oder weniger verschoben; ferner ist der Markkörper comprimirt, wogegen grössere Störungen nicht zu bemerken sind. Die Versteinerung erfolgte in ähnlicher Weise, wie bei Pinus Nathorsti; auffallend ist das stellenweise häufige Vorkommen Magnetit-ähnlicher Krystalle (Taf. VIII, Fig. 7).

Während der Untersuchung des Sandsteins in Ryedal fand ich auch mehrere Abdrücke jüngerer Zweige, welche leider so wenig consistent waren, dass sie oft schon an Ort und Stelle bei der leisesten Berührung mit dem Hammer in Sand zerfielen. Andere Stücke, welche ich dort noch unversehrt erhalten hatte, zerbrachen später oder wurden auf dem Transport zerrieben; immerhin gelang es ein paar Exemplare heim zu bringen,

[1] ROB. HARTIG, a. a. O. Taf. XI, Fig. 7.
[2] H. CONWENTZ, Monographie der baltischen Bernsteinbäume. Taf. X, Fig. 4.

und das deutlichste derselben ist auf Taf. IV, Fig. 4 abgebildet. Die Zweige sind rundlich, bis 5 mm dick, und tragen in spiraliger Anordnung lange nadelförmige Blätter von rhombischem Querschnitt. Wennschon diese Zweige nicht in organischem Zusammenhang mit einem der beiden Hauptexemplare des Sequoites Holsti, vielmehr örtlich davon getrennt vorgekommen sind, trage ich kein Bedenken sie hierher zu stellen, weil durch andere Stücke der allmähliche Uebergang zu jenen vermittelt wird.

Von Zapfen oder Zapfen-ähnlichen Resten, die zu Sequoites gerechnet werden könnten, ist im Holma-Sandstein bisher nichts aufgefunden.

Was nun die *Bestimmung* dieser und der vorher erwähnten Blattabdrücke anlangt, so ist vorweg zu bemerken, dass sie weder für eine gewisse Gattung noch für eine gewisse Familie charakteristisch sind; denn ähnliche Formen finden sich sowohl bei den Taxodineen und Cupressaceen, als auch bei den Araucarineen, und können daher in fossilem Zustande eigentlich nur dann sicher bestimmt werden, falls Zapfen in ihrer Verbindung vorkommen. Wenn man in der Literatur Umschau hält, findet man bisweilen einen sterilen Zweig als Araucarites beschrieben, der später, nachdem die Früchte bekannt geworden, zu den Taxodineen gestellt werden musste. So veröffentlichte beispielsweise H. B. Geinitz[1] aus dem unteren Quadersandstein von Bennewitz, sowie von anderen Localitäten einige beblätterte Zweige als Araucarites Reichenbachi, und A. Reuss[2] führte aus dem Plänersandstein und aus dem Plänerkalk Böhmens ähnliche Abdrücke unter der Bezeichnung Cryptomeria primaeva Corda auf. Als aber später Osw. Heer[3] Früchte auffand, wurde die Zugehörigkeit jener Reste zur Gattung Sequoia festgestellt, und nach seinem Vorgang hat dann auch Geinitz[4] dieselben als Sequoia Reichenbachi (Gein. spec.) Heer aufgenommen.

Als zuerst Nathorst in Stockholm der gedachte Zweig (Taf. IV, Fig. 2) vorgelegt wurde, war er geneigt ihn für einen Araucarites zu erklären, und ich wüsste auf Grund der vorhandenen Blattabdrücke nichts hiergegen einzuwenden. Später bezeichnete er in Briefen und auf der Etikette denselben als Sequoites, und ich werde mich bemühen, an der Hand der Holzstructur den Nachweis zu führen, dass im Allgemeinen dieser Namen die grössere Wahrscheinlichkeit für sich hat. Da hiervon Zapfen leider nicht bekannt geworden sind, bietet nämlich das Holz die einzige Möglichkeit zu einer näheren Bestimmung, indessen begegnet die Untersuchung wegen mangelhafter Conservirung desselben besonderen Schwierigkeiten.

In erster Linie gilt als charakteristisch für recente Araucarien die Anordnung der Hoftüpfel auf der radialen Wand der Tracheiden. In vielen Fällen stehen sie in mehreren Längsreihen spiralig dicht gedrängt bei einander und platten sich polygonal ab; in an-

[1] H. B. Geinitz, Charakteristik der Schichten und Petrefacten des sächsisch-böhmischen Kreidegebirges. Leipzig 1842. S. 97. Taf. XXIV, Fig. 5. — S. 98. Taf. XXIV, Fig. 4.
[2] A. Reuss, Die Versteinerungen der böhmischen Kreideformation. II. Abth. Stuttgart 1846. S. 89. Taf. XLVIII, Fig. 1—11.
[3] O. Heer, Die Kreideflora der arctischen Zone. Kongl. Svenska Vetenskaps-Akademiens Handlingar. Bd. XII, N:o 6. Stockholm 1874, p. 126, tab. XXXVI, fig. 4—8. — Tab. XXXVII, fig. 1, 2.
[4] H. B. Geinitz, Das Elbthalgebirge in Sachsen. I. Th. Kassel 1871—75. S. 306.

deren Fällen kommen sie einreihig vor und platten sich gleichfalls an den gemeinsamen Berührungsstellen ab. Zum Vergleich habe ich jetztweltliche Araucarien untersucht und gefunden, dass im Holz der jungen Zweige bisweilen eine Abweichung von jener Ausbildung, die wir als normale anzusehen pflegen, statthat. Beispielsweise bei Araucaria brasiliana Lamb. und A. imbricata Pav., wo gewöhnlich die Hoftüpfel unter gegenseitiger Abplattung in einer continuirlichen Reihe stehen, kommt es hin und wieder vor, dass sie sich von einander entfernen und in diesem Falle natürlich kreisrund ausgebildet sind. Wenn eine solche Stelle unter dem Mikroskop eingestellt ist, glaubt man nicht ein Araucarienholz vor sich zu haben, sobald man aber andere Regionen desselben Schnittes betrachtet, findet man stets die typische Erscheinungsweise vorherrschend. Unser fossiles Holz ist allerdings ungünstig erhalten, immerhin treten die Tüpfel an sehr vielen Stellen der Radialschliffe deutlich hervor, und nirgend habe ich eine gegenseitige Berührung oder gar Abplattung wahrnehmen können. Aus diesem Grunde meine ich, dass dasselbe nicht zu Araucaria gestellt werden darf.

Was anderseits die recente Gattung Sequoia betrifft, so besitzt deren Holz einen Cupressaceen-ähnlichen Bau und soll daher durch harzführendes Holzparenchym ausgezeichnet sein. Ich untersuchte nun wiederum vergleichsweise jüngere Zweige von Sequoia gigantea Torr. aus dem Königlichen Botanischen Garten in Berlin, um nachzusehen, ob Holzparenchym hier auch schon so reichlich wie im älteren Holz vorhanden sei. Aber in einem vollständigen Radialschnitt durch ein 5 mm starkes Exemplar konnte ich überhaupt keins wahrnehmen, wogegen es in älteren Zweigen desselben Baumes zahlreich vorhanden ist. Hieraus darf man folgern, dass dieses Parenchym erst in späteren Jahren gebildet wird, und dass es bisweilen jungen Zweigen gänzlich fehlt. Neuerdings hat Th. Lange[1] aus der Aachener Kreide neben Zapfen[2] und Blättern, auch verkieselte Holzreste von Sequoia Reichenbachi bekannt gemacht, welchen das Holzparenchym fehlt, soweit man sich aus Text und Abbildungen vernehmen kann. Auf meine Bitte übersandte Herr Lange mir seine Dünnschliffe, in denen ich ebensowenig Holzparenchym auffinden konnte.

Hiernach besitzt das vorliegende Holz entschieden eine grössere Ähnlichkeit mit Sequoia, als mit Araucaria, und deshalb halte ich die von Nathorst vorgeschlagene Bezeichnung Sequoites für durchaus zulässig und zweckmässig. Wenn es ohne Blattabdrücke vorgekommen wäre, müsste man es in die Gruppe der Cedroxyla bringen, zu welcher auch die vorher beschriebene Baumart (C. Ryedaleuse) gehört, und es drängt sich uns die Frage auf, ob etwa beide mit einander identificirt werden können. Dieses ist aber gewiss nicht der Fall, weil sie sehr verschiedene Markstrahlen besitzen; überdies würde die unter 2 geschilderte Species, falls sie eine Sequoia wäre, in den vorhandenen Holzstücken vorgerückten Alters zweifellos Holzparenchym enthalten.

[1] Th. Lange. Beiträge zur Kenntniss der Flora des Aachener Sandes. Zeitschrift der Deutschen geologischen Gesellschaft. Jahrgang 1890. S. 658 ff. Taf. XXXII.
[2] Vom Zapfen lag ihm allerdings nur ein isolirtes Bruchstück vor, jedoch sind schon früher deutliche Sequoia-Zapfen in Verbindung mit beblätterten, theilweise verkieselten, Zweigen in demselben Gestein von Debey (Ueber eine neue Gattung urweltlicher Coniferen aus dem Farnsand der Aachener Kreide. Verhandl. d. naturhistorischen Vereins der preussischen Rheinlande. V. Jahrg. Bonn 1848. S. 126 ff.) aufgefunden und von ihm als Cupressoxon unter dem Namen Cycadopsis beschrieben worden.

Die Gattung Sequoia kommt gegenwärtig nur in zwei Arten in Californien vor, besass aber in früheren Erdepochen eine reichere Gliederung und weitere Verbreitung. O. Heer hat sichere Reste in der unteren Kreide Grönlands nachgewiesen, und A. G. Nathorst nimmt an, dass ihr erstes Erscheinen bereits in die Juraformation Englands zu verlegen sei. Eine sehr grosse Ausdehnung besitzt beispielsweise die der lebenden S. sempervirens Endl. nahestehende S. Langsdorfi Heer, welche von der obersten Kreide bis in das Obermiocen durch ganz Europa, in Spitzbergen, Sibirien, Sachalin, Grönland, am Mackenziefluss, in Nordamerika, Sitka und Vancouver vorkommt. Auch Sequoia Reichenbachi Heer, welche sich eng an die lebende S. gigantea Torrey anschliesst, ist in der jüngeren Kreide Frankreichs, Deutschlands, Grönlands und Nebraskas weit verbreitet. Mit Sequoia nahe verwandt ist die gleichfalls der jüngeren Kreide angehörige Gattung Geinitzia, welche von manchen Forschern auch mit jener vereinigt wird; sie findet sich an zerstreuten Fundorten vom Nordrande der Alpen bis in die arctische Region.

In Schweden war die Existenz von Sequoien bisher nicht nachgewiesen, jedoch finden sich bisweilen in dem in Schonen anstehenden Köpinge-Sandstein solche Reste vor, die hierher gehören können. Im Geologischen Museum der Universität Lund sah ich mehrere Stücke mit Abdrücken von Zweigen, welche theils schmale lange sichelförmige, theils eiförmig-länglich zugespitzte, auf dem Rücken gewölbte und mit der Spitze nach innen gekrümmte Blätter in spiraliger Anordnung tragen. Da diese Reste sehr spärlich und ohne Früchte aufgefunden sind, ist an eine Bestimmung nicht zu denken, jedoch wollte ich nicht unterlassen, dieses vielleicht verwandten Vorkommens hier Erwähnung zu thun. Daneben sind die beschriebenen Reste des Sequoites Holsti die ersten dieser Gattung in Schweden.

4.

Unbestimmbare Pflanzenreste.

Ausser den obigen Nadelhölzern fand ich nur sehr wenige andere vegetabilische Einschlüsse, die hier kurz erwähnt werden mögen, wennschon eine Bestimmung derselben nicht ausführbar ist. Zunächst sind zwei Stücke, die vielleicht zu einer der genannten Holzarten gehören, hervorzuheben. Der auf Taf. V, Fig. 1 in natürlicher Grösse dargestellte Abdruck mit seiner parallelen Längsstreifung könnte wohl beim ersten Anblick für den eines festen langen Blattes einer Monocotyle gehalten werden, indessen habe ich mich nach wiederholter Prüfung davon überzeugt, dass er von tangentialen Spaltungsflächen eines *Holzes* herrührt. Einmal findet sich der Abdruck nicht nur in einer, sondern in verschiedenen Ebenen übereinander, in welchen sich aber die Structur gleich bleibt; ferner lösen sich die im oberen Theile des Bildes sichtbaren, feinen Streifen bei einer gewissen Beleuchtung in einzelne schmale langgezogene Höckerchen auf, welche der Endansicht mehrschichtiger Markstrahlen nicht unähnlich sehen, und schliesslich sind in derselben Region zwei kreisrunde, von Sand wieder ausgefüllte Perforirungen (a) bemerkbar, welche zumeist an die bei Pinus Nathorsti und Cedroxylon Ryedalense vorkommenden Bohrlöcher erinnern. Aus diesen Gründen ist es mir nicht zweifelhaft, dass der Abdruck eines Holzes vorliegt, und zwar wird man wegen der Form der Markstrahlen zuerst an das Holz der Nathorst-kiefer denken müssen. Ich brauche nicht hervorzuheben, dass eine wirkliche Bestimmung unmöglich ist, weil der Erhaltungszustand eine mikroskopische Untersuchung nutzlos macht; bemerke aber vergleichsweise, dass garnicht selten ähnliche tangentiale Abdrücke von Pinus succinifera m. im Succinit beobachtet werden können.

An dem zweiten Stück erhebt sich von einer glatten, ziemlich ebenen Fläche ein schmaler langgezogener c. 2,5 cm langer, sanft gewölbter Rücken, welche beide dunkelbraun gefärbt sind. Dieses Stück, welches beim Zertrümmern eines grösseren Blockes in Ryedal zum Vorschein kam, ist in den Figuren 6 bis 8 auf Taf. IV. von einem Ende, von der Seite und von oben abgebildet. Was seine Deutung anlangt, so möchte ich es für die Ausfüllung einer Astnarbe ansprechen, denn ich habe durch Abformung in Thon ein Negativ erhalten, welches sich wohl mit einem theilweise vernarbten Astbruch am Stamm der Nadelhölzer oder auch anderer Bäume vergleichen lässt. In diesem Falle würde die schmale Form der, zufolge des Dickenwachsthums des Baumes, vornehmlich seitlich statt-findenden Ueberwallung der Wundstelle entsprechen.

Ferner ist unter den mir von mir geschlagenen Stücken der innere Abdruck einer Baumrinde von brauner Farbe vorhanden (Taf. IV. Fig. 5). Wenn man annimmt, dass ursprünglich der ganze Stamm oder Ast eingebettet war, und dass sein Holz früher als die Rinde zerstört wurde, kann man das gedachte Stück auch als Steinkern des Holzes bezeichnen. Es ist 10,5 cm lang und mehr als 2 cm breit; die ganze Oberfläche wird von Längsrissen durchzogen, welche meist schmallinsenförmig erscheinen. Aus der schwachen Wölbung folgt, dass ungefähr der dritte bis vierte Theil der Peripherie vorliegt; in etwa ½ Höhe befindet sich rechts eine Astnarbe. Aus diesem Einzelvorkommen kann man schliessen, dass die Äste nicht etwa quirlig am Stamm entsprungen sind, da sonst wenig-stens andeutungsweise noch eine zweite auf gleicher Höhe vorhanden sein müsste. Deshalb meine ich, dass kein Nadel- sondern ein *Laubholz* vorliegt, zumal auch die rissige Be-schaffenheit der Oberfläche darauf hindeutet; letztere habe ich bei Nadelhölzern nicht wahr-genommen, hingegen tritt sie allgemein bei Eichen, Buchen und anderen Laubhölzern mit breiten Markstrahlen auf.

Endlich finden sich andere pflanzliche Reste, die aber noch weniger Structur bewahrt haben als die vorigen, sodass sich über ihre Natur kaum eine Vermuthung aussprechen lässt. Beim Zerschlagen des Gesteins an Ort und Stelle kamen oft dunkelbraune bis grauschwarze Ringe von 1,5 bis 2 cm Durchmesser zum Vorschein (Taf. V. Fig. 2), und bei weiterem Präpariren stellte sich heraus, dass sie einem Hohlcylinder entsprechen, den ich bis auf 12 cm Länge verfolgen konnte. Derselbe ist unten und oben offen und verjüngt sich bisweilen nach einem Ende hin, indessen sei hier bemerkt, dass der scharfen Zuspitzung in Fig. 3 auf Taf. V ein etwas schiefer Schnitt zu Grunde liegt. Das Innere ist mit der nämlichen Gesteinsmasse ausgefüllt, welche den Cylinder auch von aussen umgiebt. Dieser besteht in vielen Fällen nur aus einer bituminös gefärbten Zone im Gestein, in anderen lassen sich auch noch winzige organische Reste unter der Lupe erkennen. Diese sind theils sehr zarte Abdrücke kurzer schmaler Pflanzentheilchen, theils diese selbst in verkohltem oder „verkieseltem Zustande; sie erinnern bisweilen an das oben entworfene Bild der Nadel von Pinus Nathorsti (Taf. III. Fig. 2, 3). Angesichts der mangelhaften Erhaltung ist weder eine mikroskopische noch eine makroskopische Bestimmung des ganzen Organs ausführbar; falls man aber zu Vermuthungen seine Zuflucht nehmen will, wird man füglich an die übrigen Funde derselben Lagerstätte anknüpfen. Daher liegt es nahe an Coniferenzweige zu denken,[1] welche gleichzeitig zur Ablagerung gelangt sind. Es ist wohl möglich, dass das in hohem Grade angegriffene Holz in situ allmählich ganz zerstört und der hierdurch entstandene Hohlraum mit Sand wieder ausgefüllt wurde, während die Rinde länger widerstandsfähig blieb. Endlich schwand auch diese und liess nur die organische Färbung oder auch einzelne substantielle Ueberreste im Gestein zurück. Mit dieser Auffassung würde es wohl im Einklang stehen, dass sich kleine Theile von Kiefernadeln in jener Zone erhalten haben.

Uebersicht der Holma-Flora.

Wenn man die bisher aufgefundenen Einschlüsse des Holma-Sandsteins überblickt, ergiebt sich hieraus eine sehr lückenhafte Kenntniss seiner Flora. Dieses mag hauptsächlich darin seinen Grund haben, dass überhaupt nur wenige Pflanzen und Pflanzentheile an den bekannt gewordenen Stellen zur Ablagerung gelangten und ferner darin, dass das umgebende Material zur Conservirung der Fossilien wenig geeignet war. Nach den vorhandenen Resten zu urtheilen, haben die Laubhölzer damals eine ganz untergeordnete Rolle gespielt, denn nur der einzige Abdruck einer Baumrinde deutet auf ihre Existenz hin. Von Abietaceen kam am häufigsten eine Kiefer, Pinus Nathorsti, vor, und dazu gesellten sich Sequoites Holsti und vielleicht eine Tanne (Cedroxylon Ryedahlense). Aus den von Nathorst hierher gerechneten Geschieben sind dann noch ein Arthrotaxis-ähnlicher, möglicher Weise zu Sequoia gehöriger Zweig, sowie Weichselia erratica und andere, unbestimmte Formen zu erwähnen. Endlich spricht derselbe Forscher die Vermuthung aus, dass das später hier zu schildernde Geschiebeholz, Palmacites Filigranum, wegen der seiner Oberfläche anhaftenden Quarzkörner, dem Holma-Sandstein angehören könne.

Der hauptsächlichste Waldbaum damaliger Zeit war zweifellos die *Nathorstkiefer*, welche nicht allein in zahlreichen Stamm- bzw. Asthölzern, sondern auch in einigen Blattabdrücken und in einem Zapfen vorliegt. Sie beansprucht insofern ein hervorragendes Interesse, als sich nun der Typus der zweinadeligen Kiefern in Schweden bis in die jüngere Kreidezeit zurück verfolgen lässt. Nach Pinus Nathorsti erschienen später die zweinadeligen Bernsteinbäume, P. silvatica, P. baltica und P. banksinoides, von welchen besonders die beiden ersteren mit

---

[1] In manchen Fällen, z. B. auf Taf. V, Fig. 3, wird man auch an Zapfen bzw. deren Spindeln erinnern, indessen sprechen die Länge vieler Cylinder und vornehmlich jeglicher Mangel an Schuppennarben gegen eine solche Deutung.

jener verglichen werden können, und schon zur älteren postglacialen Zeit trat P. silvestris auf, welche noch in der Gegenwart ausgedehnte herrliche Waldungen in Schweden bildet.

Die Nathorstkiefer, sowie die übrigen Coniferen jener Zeit, können nicht mit den Bäumen unserer wohlgepflegten Forsten verglichen werden, denn sie waren dem uneingeschränkten Einfluss der sie umgebenden Natur preisgegeben. Wie die Nadelhölzer überall, wo sie in gedrängtem Bestande aufwachsen, durch Selbstreinigung ihre Aeste verlieren, falls diese nicht mehr genügend ernährt werden, geschah es auch damals. An diesen Bruchstellen nun trat entweder, ohne Anlass durch Pilze, Wundfäule auf, welche ein Absterben des Holztheiles herbeiführte, oder es flogen Sporen parasitischer Pilze an, deren

Fig. 1.

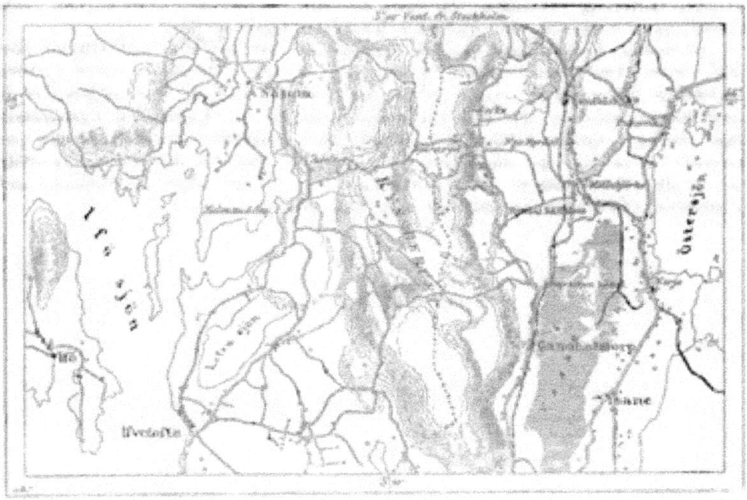

Kartenskizze der Gegend östlich und westlich der Rysberge. Maasstab 1 : 125000.

Mycel sich bald im Innern des lebenden Baumes verbreitete. Sie riefen hier Zersetzungserscheinungen hervor, welche denjenigen unserer heutigen Waldbäume ähnlich sehen, und bewirkten im Engeren und Weiteren ein Absterben des Holzes sowie auch des ganzen Individuums. Am todten Holz kamen wiederum andere Pilze — Saprophyten — hinzu, welche das Zerstörungswerk fortsetzten und vollendeten. Die Gesammtwirkung war ein geringerer oder erheblicherer Substanzverlust, welcher sich in einer eigenthümlichen Zersetzung und Auflösung einzelner Schichten der Zellmembran sowie in einer Erweiterung und im Schwinden der Tüpfel oder auch in anderer Weise äusserte. Der ganze Zellenverband wurde stellenweise gelockert, sodass die Tracheïden hier isolirt neben einander liegen. Die Saprophyten durchzogen das Holz nach allen Richtungen und bildeten in demselben zuweilen gewebeartig mit einander verflochtene Lamellen.

Ferner waren die Hölzer auch mancherlei anderen Agentien unterworfen. Durch Baumfall gequetscht, wurden die Markstrahlen schräge abgelenkt oder wurmförmig gekrümmt, und überdies erfuhr der Querschnitt der Tracheïden eine Compression oder Verschiebung. Unter dem wechselnden Einfluss der Atmosphärilien quollen die Hölzer zeitweise auf, während sie zu anderen Zeiten wiederum dem Zusammentrocknen ausgesetzt waren; infolge dessen schrumpften bald die ganze Zellwand, bald einzelne Schichten derselben, nach vorheriger Lockerung, zusammen. Es entstanden auch wohl grössere Risse im Holz, welche zu einer immer weiter um sich greifenden Zerstörung Anlass boten.

In diesem Zustande geriethen die Stämme und Äste ins Meer und, falls sie nicht schon vorher ihrer Rinde entblösst waren, ging dieselbe grösstentheils jetzt verloren. Verschiedene Bohrmuscheln setzten sich an das Holz und drangen oft so zahlreich in die oberflächlichen Schichten ein, dass nur dünne Lamellen der Holzsubstanz coulissenartig stehen blieben. Später wurden diese Hölzer durch elementare Gewalt längs und quer gebrochen und in den Sand eingebettet; beide Vorgänge müssen ziemlich gleichzeitig erfolgt sein, da alle Spaltungsstücke ihre scharfkantige Form bewahrt haben und bisweilen noch in natürlicher Orientirung im Sandstein beisammen liegen.

B.

DIE GESCHIEBEHÖLZER SCHWEDENS.

—

Allgemeines.

Im Diluvium Schonens und der angrenzenden Theile Blekinges und Hallands kommen Geschiebehölzer unter ähnlichen Verhältnissen wie in Norddeutschland vor. Sie liegen entweder noch im Geschiebelehm bzw. Sand oder gelangten durch Erosion als Gerölle an den Strand. Ihr Hauptverbreitungsgebiet ist das südöstliche Schonen, vornehmlich die Küstengegend von Kivik bis Trelleborg, jedoch gehen sie im Westen bis Tormarp und im Osten sogar bis Hamra auf Gotland. Ihre Anzahl ist sehr gering und kann mit der Menge dänischer und norddeutscher Geschiebehölzer garnicht in Vergleich gezogen werden. In den öffentlichen Sammlungen von Stockholm, Lund und Malmö fand ich nur wenige Exemplare, und wenn auch später — Dank den Bemühungen der Herren Holst, Lundgren und Nathorst — einige Stücke noch hinzukamen, erhöhte sich deren Gesammtzahl doch nur auf 16.

Fig. 2.

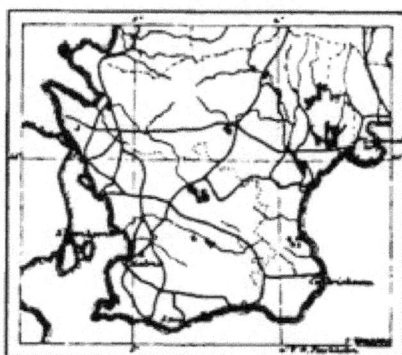

Uebersichtskärtchen der Verbreitung der Diluvialhölzer im südlichsten Schweden. E = Elsharp; K = Kivik; G = Grefsundamölla; B = Kaatekille; S = Stinaberga; H = Horte; N = Nordeak; J = Jonstorps Tapperhus; T = Tormarp.

Die schwedischen Geschiebehölzer sind bisher gänzlich unbearbeitet geblieben, obschon man einzelne Stücke seit länger als fünfzig Jahren kennt. Ich liefere nachfolgend von sämmtlichen Exemplaren eine ausführliche Beschreibung, mit besonderer Berücksichtigung der Beschädigungen, welche der grünende Baum und das todte Holz erlitten haben. Gleichzeitig werden die nothwendigsten Masse angegeben, um in Zukunft den Vergleich mit neu aufzufindenden Geschiebehölzern zu erleichtern. Die Anordnung der Hölzer ist hier nach Lage der Fundorte von Osten nach Westen ringsum die Küste von Schonen getroffen.

1.

Cupressinoxylon von Hamra.

Taf. VIII, Fig. 8.

Phytopalaeontologische Abtheilung des Naturhistorischen Reichsmuseums in Stockholm.

Herr Professor G. LINDSTRÖM erhielt dieses Geschiebeholz im November 1888 von Hamra auf Gotland, welches Vorkommen insofern bemerkenswerth ist, als bisher auf der ganzen Insel kein anderes so junges Geschiebe bekannt geworden war. Das Stück ist keilförmig in der Richtung der Markstrahlen gespalten und umschliesst in seinem unteren Theile einen Seitenast. Die Länge des fossilen Holzes beträgt 11 cm, die radiale Ausdehnung etwa 3,5 und die grösste tangentiale 1,5 cm. Es ist im Innern schwärzlichbraun, an der Oberfläche zumeist hellbraun gefärbt und besitzt durchweg eine feste Beschaffenheit.

Die Jahresringe sind an den Endflächen des Holzes mit unbewaffnetem Auge sichtbar, und aus der mikroskopischen Betrachtung ergiebt sich, dass sie regelmässig verlaufen und fast ausnahmslos mehr als 1 mm breit sind.

Jahresringe	Breite in Zellen	Breite in Millim.
» » 1	—	—
» » 2	99	2,333
» » 3	67	1,578
» » 4	42	0,987
» » 5	56	1,311
» » 6	78	1,343
» » 7	56	1,300
» » 8	76	1,328
» » 9	58	1,335
» » 10	—	—

Angesichts dieser Breite der Jahresringe ist es auffallend, dass die mittlere Schicht derselben so gut wie garnicht entwickelt ist. Es herrscht die aus vierseitigen, im Querschnitt quadratischen Zellen bestehende innere Schicht bei Weitem vor, und daneben besteht das Sommerholz aus stärker verdickten vierseitigen Tracheiden, deren radialer Durchmesser erheblich verkürzt ist. Nach dieser Zusammensetzung der Jahresringe zu urtheilen, liegt hier ein *Astholz* vor.

Die Tracheiden schliessen eng aneinander, hin und wieder kleine Intercellularen von drei- oder vierseitigem Querschnitt zwischen sich lassend. An mehreren Stellen des Radialschliffen erkennt man sehr deutlich die unregelmässig, bisweilen wurmförmig ausgewachsenen Endigungen. Die mittlere Breite der Zellen beträgt 27 μ — ein geringes Maass, welches mit der Astnatur des Holzes wohl in Einklang steht. Im Einzelnen ergeben sich folgende Zahlen für die tangentiale Breite in den verschiedenen Jahresringen:

Jahresringe	Breite der Tracheiden
a + 1	25,5 μ
a + 2	22,6 μ
a + 3	27,1 μ
a + 4	26,4 μ
a + 5	27,1 μ
a + 6	29,3 μ
a + 7	29,3 μ
a + 8	28,1 μ
a + 9	27,9 μ
a + 10	—

    Auf den schmalen radialen Wänden sind die behöften Tüpfel nur einreihig angeordnet. Sie bilden oft lange Reihen, ohne sich gegenseitig zu berühren; in vereinzelten Fällen treten ihre Höfe in Contact und platten sich sogar ein wenig gegenseitig ab. Die Höhe der Tüpfel schwankt zwischen 11,6 und 14,9 μ; das beobachtete Mittel beträgt 13,3 μ. Ebenso ist die tangentiale Wand bisweilen mit etwas kleineren Hoftüpfeln bekleidet, welche in kurzen unterbrochenen Längsreihen oder auch zerstreut stehen.

    Holzparenchym tritt häufig auf, und zwar meist in zonenartiger Anordnung; gewöhnlich liegen zwei bis drei Zonen innerhalb eines Jahresringes. Die Parenchymzellen sind eng, entsprechend den benachbarten Tracheiden, und langgestreckt; die Seitenwände verlaufen vertical gerade und sind selten nach aussen gewölbt. Im Innern liegen braune Massen, welche theilweise wohl auf Harz zurückzuführen sind.

    Von Markstrahlen kommen 69 bis 89, im Durchschnitt 79 auf 1 qmm Tangentialfläche. Sie sind durchweg einschichtig und niedrig und bestehen aus 1 bis 9, gewöhnlich aus 2 bis 4 Stockwerken; demgemäss beträgt ihre Höhe 0,09 bis 0,171, gewöhnlich 0,04 bis 0,08 mm. Die Höhe der einzelnen Strahlenzellen ist 15,2 bis 24,3, im beobachteten Mittel 20,1 μ. Die Structurverhältnisse der Zellwand sind sehr selten wahrnehmbar; zumeist werden sie durch einen granulösen braunen Inhalt, der zum Theil verändertes Harz vorstellen mag, verdeckt und in anderen Fällen sind sie überhaupt nicht conservirt. Auf den radialen Wandungen sieht man bisweilen langgezogene, schräge gestellte Tüpfel, in einer oder in zwei Reihen übereinander.

    Was den Zustand des Holzes vor dessen Versteinerung anlangt, so zeigt es nur geringe Krankheitserscheinungen. Die Wand der Tracheiden ist fast überall ihrer ganzen Stärke nach erhalten. Hin und wieder trennen sich die äusseren Schichten benachbarter Zellen von einander, in Folge dessen hier diese mehr oder weniger isolirt erscheinen, und in weiterem Verfolg kann an diesen Stellen die äusserste Wandschicht aufgelöst werden. Unter diesen Umständen tritt auch in der Längsansicht der Tracheïden insofern eine Veränderung ein, als die Tüpfel ihren Hof verlieren und nur noch die Mündungsöffnung erkennen lassen. Dieselbe Erscheinung habe ich bereits oben aus dem Holze der Sequoia Holsti erwähnt (Taf. VIII, Fig. 4), wo überdies eine eigenthümliche Zersetzung der inneren Schichten (Wundfäule) zu constatiren war. Ausserdem sind an den inficirten Stellen auch die Strahlenzellen vom Pilz angegriffen, und ihre Wandungen haben dann mehr oder weniger eine Auflösung erfahren. Dieselbe schreitet radial auf weite Strecken fort, woraus sich ergiebt, dass die Hyphen besonders innerhalb der Markstrahlen weiter gewachsen sind, wie es auch sonst häufig der Fall zu sein pflegt. Durch welchen Parasiten die geschilderte Krankheitserscheinung in dem fossilen Holze von Hamra hervorgerufen ist, lässt sich schwerlich aussagen, zumal die kurzen Hyphenreste selbst nur sporadisch in einzelnen Tracheïden wahrgenommen werden können.

Nachdem die Zersetzung des frischen Holzes durch einen parasitischen Pilz eingeleitet war, hat sich später noch ein Saprophyt hinzugesellt. Im horizontalen Dünnschliff sieht man nämlich, von einer Stelle strahlenförmig ausgehend, das Mycel eines Pyrenomyceten mit reichlicher Gemmenbildung (Taf. VIII, Fig. 8). Dasselbe erinnert an Willkomm's Xenodochus liguiperda, dessen Stellung im System noch nicht bekannt ist. Uebrigens sind ähnliche Vorkommnisse in recenten und fossilen Nadelhölzern schon wiederholt von Anderen und von mir erwähnt und abgebildet worden, z. B. auch aus den verkieselten Cypressen-ähnlichen Hölzern von Karlsdorf am Zobten.[1]

Ferner geht aus der Betrachtung des Querschnittes hervor, dass er z. Zt. eine mechanische Einwirkung auf das frische Holz stattgehabt hat. An einigen Stellen sind nämlich die Tangentialwände der Tracheïden etwas verbogen, was darauf schliessen lässt, dass der Ast hier in tangentialer Richtung gedrückt ist. Jedoch kann dieser Druck nicht erheblich gewesen sein, zumal die Einwirkung local sehr beschränkt ist, und auch sonst keine nachträglichen Störungen im Gewebe eingetreten sind.

Die Petrificirung ist durch krystallinische Kieselsäure erfolgt. Dieselbe hat sich im Innern der Zellen vielfach in Krystallen abgeschieden, jedoch wird hierdurch das mikroskopische Bild gewöhnlich nicht beeinträchtigt. Man kann wohl sagen, dass die fossile Erhaltung des Holzes im Allgemeinen recht gut ist.

---

[1] H. Conwentz, Die fossilen Hölzer von Karlsdorf am Zobten. Breslau 1880. Taf. VI, Fig. 10 p. g.

2.

Rhizocupressinoxylon von Ebbarp.

Taf. V, Fig. 4, 5. — Taf. VIII, Fig. 9, 10. — Taf. IX, Fig. 1—3.

Sammlung der Geologischen Untersuchung in Stockholm.

Während der geologischen Aufnahme der Gegend am westlichen Ufer des Immelen-Sees in Schonen, sammelte Herr Staatsgeologe G. De Geer bei Ebbarp im Kirchspiel Hjersås ein petrificirtes Geschiebeholz,[1] welches später in mehrere radiale Spaltungsstücke zerfiel. Das grösste derselben misst vertical 15, radial 3 und tangential 5 cm. Alle mir vorliegenden Stücke sind erbsengelb und stellenweise, namentlich in den peripherischen Theilen und auf den Kluftflächen, rostbraun gefärbt, was durch nachträgliches Eindringen von Eisenoxydhydrat auf der Lagerstätte verursacht worden ist. Die Beschaffenheit ist durchweg eine feste, obwohl sich hier und da eine Neigung zur radialen Spaltbarkeit geltend macht. Wenn man nun das Holz in dieser Richtung auseinandersprengt, sind die frischen Spaltungsflächen nicht glatt, sondern rauh und mit langgezogenen Vertiefungen versehen. Schon diese Thatsache macht es wahrscheinlich, dass das Holz vor seiner Versteinerung durch Pilze zersetzt gewesen ist, worauf ich weiter unten zurückkommen werde.

Die *Jahresringe*, welche zum Theil mit blossem Auge auf dem horizontalen Durchschnitt des Holzes wahrgenommen werden können, zeigen unter dem Mikroskop einen unregelmässigen, gewundenen Verlauf, der durch besondere Wachsthumsverhältnisse im lebenden Baume hervorgerufen sein dürfte. Sie sind eng bis sehr eng, denn sie variiren in ihrer Breite von 1,2 bis 0,11 mm; im Einzelnen ergeben sich für sie folgende Maasse.

Jahresringe	Breite in Zellen	Breite in Millim.	Jahresringe	Breite in Zellen	Breite in Millim.	Jahresringe	Breite in Zellen	Breite in Millim.
1	—	—	+ 13	6	0,182	— 25	6	0,168
2	17	0,313	+ 14	10	0,311	+ 26	22	0,884
3	15	0,608	+ 15	28	1,133	+ 27	22	0,984
4	26	0,608	+ 16	27	1,133	+ 28	31	1,804
5	21	0,767	+ 17	19	0,788	+ 29	5	0,138
6	30	1,100	+ 18	26	1,078	+ 30	17	0,660
7	25	1,011	+ 19	7	0,303	+ 31	18	0,707
8	17	0,741	+ 20	11	0,473	+ 32	12	0,469
9	23	0,691	+ 21	6	0,119	+ 33	5	0,107
10	5	0,101	+ 22	13	0,498	+ 34	—	
11	13	0,118	+ 23	11	0,454			
12	20	0,707	+ 24	12	0,463			

[1] Das Vorkommen dieses Holzes ist von De Geer bei der Beschreibung des Blattes Backaskog (Sveriges Geologiska Unders-ökning. Ser. Aa. N:o 103, Stockholm 1890) vor Kurzem erwähnt worden.

Wenn schon diese Tabelle zeigt, dass einige Jahresringe nur aus fünf oder sechs Zellreihen zusammengesetzt sind, so wird an anderen Stellen der Präparate selbst aus drei oder vier Reihen ein Jahresring gebildet. In diesem Falle besteht das ganze Sommerholz aus einer einzigen Zellreihe, welche übrigens nicht immer in ihrem weiteren tangentialen Verlauf zu verfolgen ist. In jedem einzelnen Jahresring liegen gewöhnlich die innere und äussere Schicht unvermittelt nebeneinander, während die mittlere nicht entwickelt ist. Dieser Bau lässt angesichts der ausgesprochenen Enge der Jahresringe darauf schliessen, dass wir es hier mit einer Wurzel zu thun haben.[1]

Die *Tracheiden* besitzen an vielen Stellen ihre ursprüngliche Wandstärke, an anderen hat letztere zufolge parasitärer Einwirkung abgenommen, worauf ich noch später zu sprechen komme. Gemäss der Wurzelnatur des Holzes herrscht im Querschnitt der Tracheiden fast ausschliesslich die Form des Rechteckes; die tangentiale Breite derselben ist sehr variabel und beträgt im Mittel 38 μ.

Jahresringe.	Breite der Tracheiden.	Jahresringe.	Breite der Tracheiden.	Jahresringe.	Breite der Tracheiden.	Jahresringe.	Breite der Tracheiden.
a + 1	31,8 μ	a + 10	44,8 μ	a + 19	33,8 μ	a + 28	36,5 μ
a + 2	32,8 μ	a + 11	41,8 μ	a + 20	32,8 μ	a + 29	35,7 μ
a + 3	36,8 μ	a + 12	44,8 μ	a + 21	36,8 μ	a + 30	41,8 μ
a + 4	34,8 μ	a + 13	45,8 μ	a + 22	39,8 μ	a + 31	47,8 μ
a + 5	33,8 μ	a + 14	39,8 μ	a + 23	39,8 μ	a + 32	32,8 μ
a + 6	39,8 μ	a + 15	40,8 μ	a + 24	35,7 μ	a + 33	38,7 μ
a + 7	39,8 μ	a + 16	42,8 μ	a + 25	34,8 μ	a + 34	—
a + 8	36,8 μ	a + 17	44,8 μ	a + 26	36,8 μ		
a + 9	41,8 μ	a + 18	39,8 μ	a + 27	37,8 μ		

[1] Bei Gelegenheit der Beschreibung der fossilen Hölzer von Karlsdorf am Zobten im Jahre 1880 habe ich die Bezeichnung Rhizocupressinoxylon für fossile Wurzelhölzer von Cypressen-ähnlichem Bau eingeführt. J. FELIX ist später diesem Vorgange gefolgt und hat weiter vorgeschlagen, auch die Stamm- und Aesthölzer durch die Präfixe Cormo- und Clado- kenntlich zu machen, was meinerseits nicht geschehen war. Später hat FELIX allerdings diese drei Benennungen wieder eingezogen, während ich es nach wie vor für zweckmässig ansehe, diese Namen Rhizocupressinoxylon, Rhizoredroxylon etc. beizubehalten. Neuerdings hat F. H. KNOWLTON (Fossil Wood and Lignite of the Potomac Formation, Bulletin of the U. S. Geological Survey No 56. Washington 1889. Pag. 32, 33) mein Verfahren einer Kritik unterzogen und sich bewogen gefühlt, die Unterscheidung des Wurzel- vom Stammholz durch das Präfix Rhizo als einen »grave error« zu bezeichnen. Hiergegen brauche ich mich nicht selbst zu vertheidigen, sondern kann mich auf A. SCHENK berufen, der in seiner Palaeophytologie (München und Leipzig 1890, S. 863) sagt: »An sich ist ja gegen eine solche Benennung nichts einzuwenden, wird bei näherer Beschreibung eines fossilen Holzes doch erwähnt werden müssen, welchem Theile es etwa angehören kann.«

Da von fossilen Pflanzen überhaupt oft nur einzelne Organe vorliegen, hat man schon längst gewisse Hilfsgattungen für dieselben geschaffen, wie z. B. Lepidostrobus für Fruchtstände von Lepidodendreen, Cycadeospadix für Fruchtblätter von Cycadeeen, Cycadeospermum für Samen von Cycadeeen, Calamocladus für Aeste nebst Blättern von Calamiteeen u. s. m. Im weiteren Verfolg stellte ich nun Rhizocupressinoxylon für Wurzela von Cypressen-ähnlichen Bäumen auf und will zugleich bemerken, dass ich die von FELIX proponirten Präfixe Cormo- und Clado- deshalb nicht angenommen habe, weil die Unterscheidung von Stamm- und Astholz in vielen Fällen auf Schwierigkeiten stösst. Es ist selbstverständlich, dass alle diese provisorischen Gattungen — also auch Rhizocupressinoxylon — nur so lange ihre Existenzberechtigung haben, bis das fragliche Organ in Zusammenhang mit dem Stamm aufgefunden wird.

Bei dieser grösseren Anzahl von Jahresringen lässt sich zwar erkennen, dass im Allgemeinen die Breite der Tracheïden von innen nach aussen zunimmt, jedoch finden hierin grosse Unregelmässigkeiten statt; in Stammhölzern pflegt diese Zunahme weit stetiger vor sich zu gehen.

Die radialen Wände der Tracheïden sind mit behöften Tüpfeln bekleidet, welche gewöhnlich in zwei, sehr selten in drei Längsreihen stehen, wie es auch sonst in Wurzelhölzern vorkommt; bisweilen verläuft auch nur eine Reihe in der Mitte der Zellwand. Die Höhe der Tüpfel wechselt zwischen 13,3 und 18,3 μ; das beobachtete Mittel beträgt 15 μ. Auf tangentialen Wänden sind sporadisch Hoftüpfel von kleinerem Durchmesser sichtbar.

Das *Holzparenchym* tritt häufig in zonenartiger Anordnung auf. Im Längsschliff erscheinen diese Parenchymreihen gegliedert, indem die einzelnen Zellen meist niedrig und seitlich ausgebaucht sind (Taf. VIII, Fig. 9). Im Innern bemerkt man hier und da braune Harzreste, welche von den allgemein verbreiteten Mengen Eisenoxydhydrats wohl zu unterscheiden sind.

Die *Markstrahlen* sind niedrig und einschichtig (Taf. IX, Fig. 3. — Taf. VIII, Fig 10); in einzelnen Fällen trifft man hier, wie auch in anderen Wurzelhölzern, zweischichtige Stockwerke an. Die Strahlen werden aus 1 bis 13, am häufigsten aus 4 bis 6 Etagen zusammengesetzt und sind 0,03 bis 0,34, im beobachteten Mittel 0,12 bis 0,17 mm hoch. Was die Dichtigkeit der Markstrahlen anlangt, so kommen 35 bis 46, gewöhnlich 41 auf 1 qmm Tangentialfläche. Die Strahlenzellen sind auf ihren Radialwänden getüpfelt (Taf. VIII, Fig. 9), und zwar kommen, je nach der Breite der angrenzenden Tracheïde, ein, zwei oder drei Tüpfel nebeneinander vor; in höheren Wandungen verlaufen auch wohl zwei Reihen übereinander. Die Tüpfel sind meist breitelliptisch und mit ihrer Längsaxe horizontal gestellt; zuweilen sieht man freilich schräge linsenförmige Tüpfel, was jedoch auf eine pathologische Veränderung zurückzuführen ist. Die Parenchymzellen sind 11,3 bis 39,9 μ, im beobachteten Mittel 26,3 μ hoch; selten erscheinen sie im Tangentialschliff breiter als hoch, was auch sonst — zumal in Wurzelhölzern — zuweilen vorkommen kann.

Nachdem wir soweit den allgemeinen Bau des Wurzelholzes von Ebbarp geschildert haben, wollen wir nunmehr zu den Bildungsabweichungen und Zersetzungserscheinungen übergehen, welche sich an den Dünnschliffen erkennen lassen. Zunächst betrachten wir die Vorgänge, die sich im *lebenden Baum* abgespielt haben. Wie schon oben erwähnt, verlaufen viele Jahresringe unregelmässig gewunden, was vielleicht durch eine veränderte Rindenspannung oder durch andere Factoren veranlasst sein mag. Ferner tritt im Bau einiger Jahresringe, hauptsächlich des Ringes $n + 19$, eine Anomalie auf, welche ein grösseres Interesse in Anspruch nimmt. Während dieser Jahresring auf der einen Seite des Präparates normal gebaut ist, schiebt sich auf der anderen eine Zwischenzone ein, welche an ihren Grenzen die Verhältnisse des Sommer- und Frühlingsholzes nachahmt. Der nach innen liegende Theil wird aus ein paar tangentialen Reihen radial zusammengedrückter Zellen gebildet, und nach aussen grenzen einige Reihen von Zellen mit weiterem Lumen und weniger verdickten Wandungen an. Auf diese Weise geht der einfache Jahresring in einen *Doppelring* über, welcher sich auf eine weite Strecke, bis zum Rande des Schliffes

bin, verfolgen lässt. Was die Entstehungsursache anlangt, so hat man an lebenden Nadel-
und Laubhölzern die Erfahrung gemacht, dass sich Doppelringe gewöhnlich in Folge ein-
getretener Entlaubung bilden, welche durch Dürre, Insecten oder andere Agentien veranlasst wurde. Ich habe vor Kurzem an anderer Stelle die ältere Literatur über diesen
Gegenstand angeführt[1] und will hier nur an die neueren Untersuchungen L. KNY's[2] und
K. WILHELM's[3] erinnern. Als im Thiergarten in Berlin gegen Ende Juni 1879 verschiedene Laubhölzer durch die Raupen von Bombyx dispar L. entlaubt waren, lieferte KNY
den Nachweis, dass bei der rasch eingetretenen und durch einige Zeit angehaltenen Un-
terbrechung der Zelltheilungen im Cambium während eines Sommers in der That zwei
Holzringe gebildet waren, welche im Querschnitt den echten Jahresringen ähnlich sahen.
Sogleich nach der Entlaubung wurden noch einige Schichten radial zusammengedrückter
Zellen gebildet und nach der Neubelaubung nahm der Holzzuwachs mit radial gestreckten
Zellen seinen Fortgang. Andererseits hat WILHELM junge Traubeneichen, Quercus sessili-
flora Sm., mittels einer Scheere vollständig entblättert und fand später, dass in einigen
Fällen auch eine Verdoppelung des Holzringes stattgefunden hatte. In fossilen Hölzern
habe ich einige Male, zuletzt in Asthölzern der baltischen Bernsteinbäume, Pinus succinifera m., eine partielle Verdoppelung wahrgenommen.[4] indessen entsinne ich mich nicht,
derselben schon in fossilen Wurzelhölzern begegnet zu sein. Nach Analogie der bekannten
Fälle wird man auch hier annehmen können, dass sr. Zt. der Cypressen-ähnliche Baum
von Ebbarp mitten im Sommer sein Laub verloren hat; ob dieses auf atmosphärische Einflüsse oder auf Insectenfrass oder auf andere Agentien zurückzuführen ist, kann meines
Erachtens nicht entschieden werden.

Ferner geht aus der Durchsicht der Dünnschliffe hervor, dass der lebende Baum
von parasitischen Pilzen befallen gewesen ist. Zunächst sieht man an vielen Stellen die
durch dieselben verursachten Perforationen der Zellwand, welche oft so dicht beisammen
liegen, dass letztere siebartig durchbrochen erscheint (Taf. IX, Fig. 1 u. 2). Diese Öffnungen sind kreisrund und besassen a priori eine verschiedene Weite, je nach der Stärke
der hindurchwachsenden Hyphen, indessen können sie sich theilweise, in Folge Schwin-
dens der umgebenden Substanz, auch nachträglich erweitert haben. Viele Öffnungen sind
im mikroskopischen Bilde doppelt conturirt. Von dem Parasiten selbst sieht man hin und
wieder zarte verzweigte hyaline Hyphen, deren Bestimmung sich jedoch nicht ausführen lässt.

In Folge der Zersetzung ist die Wand der Tracheiden nicht überall in ihrer ganzen
Stärke erhalten, sondern stellenweise dünner geworden, wie schon oben bemerkt wurde; in
anderen Gegenden ist sie aber noch mehr oder weniger intact. Ferner kommen im Holzgewebe kleinere und grössere Lücken vor, die durch ein locales völliges Schwinden der
Substanz verursacht sind, und ebenso müssen die grösseren Aushöhlungen an dem Handstück hierher gerechnet werden (Taf. V, Fig. 4, 5).

[1] H. CONWENTZ, Monographie der baltischen Bernsteinbäume. Danzig 1890, S. 146.
[2] L. KNY, Ueber die Verdoppelung der Jahresringe. Verhandl. des Botanischen Vereins der Provinz
Brandenburg XXI. Jahrg. 1879, S. 1.
[3] K. WILHELM, Die Verdoppelung des Jahresringes. Berichte der Deutschen Botanischen Gesellschaft.
Band I. Berlin 1883, S. 246.
[4] H. CONWENTZ, l. c. S. 139.

Viel zahlreicher als die Reste parasitischer, sind die saprophytischer Pilze, welche die Zersetzung im *todten Holz* weiter fortgeführt haben. Die Saprophyten bestehen aus dickeren, septirten und verzweigten, braunen Hyphen, welche bisweilen unregelmässig gekrümmt sind (Taf. IX. Fig. 3 g. — Taf. VIII. Fig. 10 g); sie wachsen vornehmlich in der Längsrichtung des Holzes, bilden kurze Seitenäste und auch Anastomosen mit benachbarten Fäden. Dieses Mycelium hat eine so weite Verbreitung gefunden, dass alle Präparate mit demselben erfüllt sind; auch ist es schon bei schwacher Vergrösserung im Querschnitt der Tracheiden zu erkennen. Es erinnert an die Mycelien von Pyrenomyceten, wie man sie in der Gegenwart an faulen Holzstöcken antrifft, und Herr Prof. J. Schröter in Breslau, dem ich ein Präparat vorlegte, bezeichnete es als das einer Dematiee-Art.

Als Gesammtwirkung dieser andauernden Zersetzung des Holzes tritt eine Reihe von Erscheinungen auf, die wir als *Schwund* bezeichnen können. Zunächst ist eine Beobachtung zu erwähnen, die ich erst kürzlich aus dem Holz der baltischen Bernsteinbäume beschrieben und abgebildet habe.[1] Mit der Verminderung der Substanz ging nämlich eine Verringerung des Volumens Hand in Hand, und es zogen sich die dickwandigeren Zellen des Sommerholzes stärker als die weniger dickwandigen des Frühlingsholzes zusammen. Dieser Vorgang ging gewöhnlich so allmählich von Statten, dass nicht eine mechanische Trennung der Tracheiden von einander eintrat, sondern der Gesammteffect äusserte sich zumeist da, wo die Tracheiden an die einschichtigen Markstrahlen angrenzen. Die Strahlenzellen konnten dem, durch die Volumenveränderung vornehmlich im Sommerholz hervorgerufenen, tangentialen Zuge nicht widerstehen, sondern erweiterten sich hier. Diese Erscheinung ist an mehreren Stellen des horizontalen Dünnschliffes wahrzunehmen, wenngleich nicht so scharf ausgeprägt, wie in dem noch weit mehr zersetzten Holz der Bernsteinbäume.

Bei dem Schwindeprocess wurden nicht nur die Zellwände des Holzes, sondern ebenso auch die dünnen Membranen der älteren Theile eingedrungener Parasiten und Saprophyten angegriffen. In den vorliegenden Präparaten sind bald nur einzelne Partien der Hyphen zerstört und man erkennt ihr einstiges Vorhandensein lediglich an der Spur in der Zellwand (Taf. VIII, Fig. 10 g'), bald sind sie gänzlich aufgelöst und haben nur ihre Bohrlöcher (Taf. IX, Fig. 1, 2) zurückgelassen.

Ferner können wir dem mikroskopischen Bilde entnehmen, dass das todte Holz vor seiner Petrificirung an der Luft gelegen hat und hier *zusammengetrocknet* ist. Man bemerkt nämlich in der Wandung der Zellen, besonders der Strahlenzellen (Taf. VIII, Fig. 9), kleinere und grössere Risse, welche zumeist in der Längsrichtung derselben verlaufen; ihre Ränder klaffen bisweilen weit auseinander. Häufig nehmen diese Risse von Tüpfeln oder Pilzlöchern ihren Anfang, wie es z. B. auf Taf. VIII, Fig. 9 dargestellt ist; auch kommt hier ein solches Bild zu Stande, wie es z. B. von Wurzelholz aus dem südlichen Schonen in Taf. X, Fig. 1 wiedergegeben ist.

Abgesehen von diesen Erscheinungen, lässt sich stellenweise auch noch eine *mechanische* Einwirkung auf das Holz nachweisen. In einigen Regionen des horizontalen Dünnschliffes haben nachträglich die Markstrahlen eine Ablenkung und gleichzeitig der Querschnitt

---

[1] H. Conwentz, l. c. S. 141. Taf. XIII, Fig. 1. — Taf. XIV, Fig 1.

der Tracheiden eine Veränderung erfahren, was auf eine Quetschung des Holzes in frischem Zustande schliessen lässt. Im Allgemeinen halte ich es bislang nicht für möglich zu entscheiden, ob derartige Quetschungen, welche in fossilen Hölzern garnicht selten auftreten, etwa durch Baumschlag am lebenden Baume oder erst am todten, aber natürlich unversteinerten, Holz vorgekommen sind. In diesem Falle, wo ein Wurzelholz vorliegt, scheint mir die erstere Möglichkeit so gut wie ausgeschlossen zu sein, und man wird daher in der Annahme kaum fehl gehen, dass der Druck auf das bereits abgestorbene Holz erfolgt ist.

Was die *Art der Versteinerung* betrifft, so besteht das fossile Holz durchweg aus krystallinischer Kieselsäure; ausserdem findet sich Eisenoxydhydrat, das auch schon makroskopisch wahrgenommen werden konnte. In einigen, gruppenweise angeordneten Zellen tritt sowohl in der horizontalen, als auch in der verticalen Ansicht ein aus polygonalen Feldern zusammengesetztes Bild hervor, um dessen nähere Prüfung ich den Privatdocenten für Mineralogie Herrn Dr. H. Traube in Berlin bat. Nach seiner Mittheilung sind durch mechanische Veränderung in den Ausfüllungsmassen der Zellen unregelmässige Sprünge entstanden, in welche später Eisenoxydhydrat eingedrungen ist. Während nämlich sonst der Inhalt der meisten Zellen aus einem einzigen Quarzindividuum besteht, ist er hier aus mehreren Quarzen zusammengesetzt, und zwar hat es nach Traube den Anschein, als ob das ursprünglich einheitliche Quarzindividuum nachträglich zerdrückt, d. h. in mehrere, optisch verschieden orientirte Theile, bisweilen mosaikartig, aufgelöst sei. Die während dieses Vorganges gebildeten Sprünge würden in gewöhnlichem Licht garnicht hervortreten, wenn nicht bräunliches Eisenoxydhydrat in dieselben eingedrungen wäre. Ich erwähne diese Erscheinung besonders aus dem Grunde, weil sie den mit mineralogischen Vorkommnissen nicht vertrauten Botaniker leicht zu einer Täuschung führen können. Jene Risse gewähren nämlich an mehreren Stellen, besonders auch in den Längsschnitten, ein so regelmässiges polyëdrisches Bild, dass dieses in hohem Grade an jene zarten Thyllen erinnert, welche bisweilen in Tracheïden von Wurzelhölzern vorkommen[1].

Wenn wir schliesslich die Ergebnisse der Untersuchung des fossilen Holzes von Ebbarp überblicken, können wir uns der Wahrnehmung nicht verschliessen, dass dasselbe mancherlei Lehrreiches darbietet. Der lebende Baum hat aus unbekannter Ursache in einem, wenn nicht in mehreren Jahren mitten in der Vegetationsperiode seine Nadeln verloren, und die Folge davon war, dass gewisse Unregelmässigkeiten in der Ausbildung der Jahresringe eintraten. In vorgerückten Jahren wurde die Wurzel von parasitischen Pilzen befallen, welche örtlich ihr Zerstörungswerk ununtersetzt betrieben und mit dazu beigetragen haben mögen, den Baum zu Fall zu bringen. Am todten Holz traten nun Saprophyten hinzu, welche die Zersetzung weiter fortführten. Während diese Vorgänge ein gewisses Maass von Feuchtigkeit voraussetzen, trat zu anderer Zeit wieder Dürre ein, wodurch das Holz am Boden zusammentrocknete und Risse erhielt. Endlich erlitt dasselbe, vielleicht erst bei seinem späteren Transport, aber jedenfalls noch vor der Petrificirung, hier und da Quetschungen. Alle diese Erscheinungen sind uns auch im verkieselten Zustande des Holzes treu bewahrt.

---

[1] H. Conwentz, l. c. Taf. III, Fig. 4, 7, 8.

3.

Rhizocupressinoxylon von Kivik (a).

Sammlung der Geologischen Untersuchung in Stockholm.

Aus der Gegend von Kivik liegen mir im Ganzen drei verschiedene Holzstücke vor, welche ich in Folgendem als a, b und c unterscheiden werde. Die beiden ersteren, a und b, sehen wie Braunkohlenhölzer aus und gehören der Geologischen Untersuchung in Stockholm, während das dritte c, aus dem Schulmuseum in Malmö, vollständig verkieselt ist und das gewöhnliche Äussere der Geschiebehölzer besitzt.

Das hier zunächst zu beschreibende Stück a hat sich etwa radial aus dem Holzkörper abgelöst und ist später nahezu cylindrisch abgerollt; seine Länge beträgt 11 cm und sein Durchmesser 4,5 cm. Die Farbe ist durchweg dunkelbraun und an der Aussenseite wenig heller, was darauf schliessen lässt, dass das Stück nur kurze Zeit an der Erdoberfläche gelegen hat. Obwohl es äusserlich an Braunkohle erinnert, erfährt man schon aus seinem Gewicht, dass eine Petrificirung stattgefunden hat; dieser Process ist aber nicht überall vollkommen durchgeführt, da es noch einige Regionen giebt, wo es leicht mit dem Fingernagel geritzt werden kann. Abgesehen hiervon, ist die Beschaffenheit des Holzes eine feste.

Auf den geraden Endflächen des Stückes nimmt man mit blossem Auge eine engconcentrische Zeichnung wahr, und aus der mikroskopischen Betrachtung ergiebt sich, dass sie theilweise durch Jahresringe hervorgerufen ist, welche aber in Wirklichkeit enger sind, als es makroskopisch den Anschein hat. Der vorliegende Erhaltungszustand ist leider so ungünstig, dass sich die Jahresringe nicht immer erkennen lassen, zumal ihre Breite im weiteren Verlauf variirt; daher können auch die folgenden Zahlen nur als Näherungswerthe aufgefasst werden.

Jahresringe.	Breite in Zollen	Breite in Millim.	Jahresringe	Breite in Zollen	Breite in Millim.	Jahresringe	Breite in Zollen	Breite in Millim.
a + 1	—		a + 12	24	0,???	a + 23	21	0,???
a + 2	6	0,???	a + 13	26	0,???	a + 24	9	0,???
a + 3	23	0,???	a + 14	19	0,???	a + 25	11	0,???
a + 4	20	0,???	a + 15	11	0,???	a + 26	13	0,???
a + 5	6	0,???	a + 16	14	0,???	a + 27	13	0,???
a + 6	12	0,???	a + 17	14	0,???	a + 28	10	0,???
a + 7	9	0,???	a + 18	13	0,???	a + 29	10	0,???
a + 8	13	0,???	a + 19	12	0,???	a + 30	10	0,???
a + 9	20	0,???	a + 20	17	0,???	a + 31	6	0,???
a + 10	18	0,???	a + 21	9	0,???	a + 32	12	0,???
a + 11[1]	16	0,???	a + 22	8	0,???	a + 33		—

[1] Im horizontalen Dünnschliff ist der Zusammenhang zwischen dem 10. und 11. Jahresringe gelockert; daher sind die hierfür angegebenen Maasse nicht ganz genau.

Ungeachtet der mangelhaften Conservirung im Allgemeinen, sind an vielen Stellen des horizontalen Dünnschliffes die Conturen der Zellen insoweit markirt, dass man hieraus die *Wurzelnatur* des Holzes ableiten kann. Es herrscht nämlich der rechteckige Querschnitt vor, und zwar liegen — ähnlich wie in dem vorstehenden Holz von Ebbarp — auch hier die radial gedehnten Tracheïden des Frühjahrsholzes unmittelbar neben den radial verkürzten Tracheïden des Sommerholzes; die einstigen Verschiedenheiten in der Dicke der Zellmembran in beiden Schichten sind gegenwärtig nicht mehr vorhanden. Die tangentiale Breite der Tracheïden in den einzelnen Jahresringen ist sehr wechselnd; die mittlere Breite berechnet sich aus nachstehenden Maassen auf 36 μ.

Jahresringe.	Breite der Tracheïden.	Jahresringe.	Breite der Tracheïden.	Jahresringe.	Breite der Tracheïden.	Jahresringe.	Breite der Tracheïden.
» » 1	28,5 μ	» » 10	25,6 »	» » 19	36,5 »	» » 28	38,9 μ
» » 2	30,1 »	» » 11	29,4 »	» » 20	37,5 »	» » 29	43,1 »
» » 3	25,7 »	» » 12	34,4 »	» » 21	35,6 »	» » 30	38,6 »
» » 4	37,5 »	» » 13	37,3 »	» » 22	38,6 »	» » 31	43,6 »
» » 5	31,4 »	» » 14	36,5 »	» » 23	38,6 »	» » 32	31,4 »
» » 6	41,9 »	» » 15	35,1 »	» » 24	39,6 »	» » 33	
» » 7	34,9 »	» » 16	39,5 »	» » 25	34,2 »		
» » 8	38,6 »	» » 17	33,4 »	» » 26	34,1 »		
» » 9	36,5 »	» » 18	36,7 »	» » 27	39,6 »		

Es sei hier übrigens nochmals hervorgehoben, dass sowohl die vorstehenden als auch die nachfolgenden Maasse aus diesem Holz, angesichts seines ungünstigen Erhaltungszustandes, nur ungefähre Näherungswerthe darstellen.

Die radiale Wand der Tracheïden ist mit behöften Tüpfeln bekleidet, welche in zwei Reihen oder in einer Reihe, bisweilen so dicht beisammen stehen, dass sie sich gegenseitig abplatten. Nach der Breite der Zellwand zu urtheilen, mögen die Tüpfel stellenweise auch wohl dreireihig vorkommen, jedoch habe ich dieses de facto nirgend wahrgenommen. Die Tüpfelhöhe beträgt 15,8 bis 23,2 μ, im Mittel 18,3 μ. Man sieht diese Tüpfel nicht nur von oben im Radialschliff, sondern öfters auch andeutungsweise im Durchschnitt auf dem Quer- und Tangentialschliff. Auf den tangentialen Wänden habe ich keine Tüpfel beobachtet.

Holzparenchym ist zahlreich vorhanden und im Längsschnitt, an der Form seiner Zellen, deutlich zu erkennen. Die Markstrahlen sind durchweg einschichtig und 1 bis 17 (0,017 bis 0,11 mm), gewöhnlich 5 bis 7 Stockwerke, d. s. 0,17 bis 0,17 mm hoch. Die Höhe der einzelnen Zellen beträgt 15,7 bis 34,1 μ, im beobachteten Mittel 22 μ; an einigen Stellen sind schräge gestellte elliptische Tüpfel in den radialen Wänden dieser Strahlenzellen sichtbar. Bezüglich der Vertheilung der Markstrahlen im Tangentialbilde ist zu erwähnen, dass 31 bis 37, im Mittel 34 auf 1 qmm kommen.

Was den Zustand des Holzes vor seiner Versteinerung anlangt, so zeigt es stellenweise die Spuren einer *Quetschung*, die in einer schiefen Richtung von oben erfolgt sein dürfte. Die Markstrahlen sind seitlich etwas abgelenkt und die Wandungen der Tracheïden unregelmässig, oft S-förmig zusammengedrückt und schwach gefaltet; letztere Erscheinung finden wir in vorzüglicher Ausbildung in N:o c von Kivik wieder. Ob ausserdem eine Zersetzung des Holzes durch Pilze stattgefunden hat, lässt sich nicht feststellen, jedoch kann man wohl nach der Dünnwandigkeit der Sommertracheïden die Thätigkeit von Parasiten voraussetzen; überdies sind die Markstrahlen tangential erweitert, was gleichfalls auf ein Schwinden der Substanz schliessen lässt.

Die *Petrificirung* ist in unvollkommener Weise durch amorphe Kieselsäure erfolgt ausserdem haben mehrfach fremdartige Beimengungen stattgefunden. Einzelne Gruppen von Tracheïden im Sommer- und auch im Frühjahrsholz befinden sich noch in einem Braunkohle-ähnlichen Zustande, während die ganze Umgebung, namentlich die Markstrahlen, vollständig verkieselt sind. Dieses Bild entspricht demselben Stadium, welches ich bei einer anderen Gelegenheit oben (S. 28) erwähnt habe, und wenn wir uns die verkohlten Zellen durch Wasser fortgeschwemmt oder nachträglich bei der Präparation herausgefallen denken, würden wir eben solche Lücken erhalten, wie sie von Cedroxylon Ryedalense m. auf Taf. VII in den Figuren 5 und 6 abgebildet sind.

4.

Rhizocupressinoxylon von Kivik (b).

Sammlung der Geologischen Untersuchung in Stockholm.

Dieses Stück erinnert nach seinem Äussern und nach seiner mikroskopischen Erscheinung an das vorige (a), ist aber ganz unabhängig von diesem in einer Mortän bei Kivik erst im Sommer 1890 gesammelt worden. Es sieht gleichfalls wie Braunkohlenholz aus und lässt sich noch hier und da mit dem Messer leicht ritzen, aber nicht schneiden. Schon beim Wägen in der Hand macht es den Eindruck eines versteinerten Holzes, und die mikroskopische Prüfung beweist, dass es in der That zum grössten Theil petrificirt ist. Das Stück ist flach, im Querschnitt linsenförmig, und hat sich in der Richtung der Jahresringe abgelöst; seine Länge beträgt 15,5 cm, der tangentiale Durchmesser etwas mehr als 6 cm und der radiale c. 2 cm. An beiden Enden befinden sich gerade uneben Bruchflächen, während die Seitenflächen, vornehmlich die äussere, stark geglättet sind. An den Endflächen sieht man schon mit blossem Auge eine zarte concentrische Streifung, welche auf Jahresringbildung beruht, wie die mikroskopische Betrachtung lehrt. Die Jahresringe verlaufen ziemlich regelmässig und sind auffallend eng, wie sich aus der folgenden Tabelle[1] ergiebt; hiernach ist der schwächste Ring 0,013 mm und der stärkste 0,311 mm breit.

---

[1] Bei Herstellung des Dünnschliffes sind namentlich im peripherischen Theil einige Jahresringe (n + 29 bis n + 38) theils getrennt worden, theils zerrissen.

Jahresringe	Breite in Zellen	Breite in Millim.	Jahresringe	Breite in Zellen	Breite in Millim.	Jahresringe	Breite in Zellen	Breite in Millim.
1	—	—	15	17	0,33	29	9	0,36
2	14	0,56	16	15	0,53	30	16	0,61
3	14	0,55	17	15	0,54	31	7	0,25
4	21	0,81	18	22	0,80	32	15	0,51
5	11	0,54	19	12	0,33	33	16	0,56
6	15	0,58	20	13	0,50	34	10	0,28
7	19	0,69	21	6	0,18	35	11	0,64
8	23	0,84	22	8	0,31	36	13	0,31
9	14	0,72	23	10	0,43	37	10	0,34
10	19	0,80	24	13	0,41	38	8	0,51
11	12	0,53	25	8	0,25			
12	19	0,30	26	4	0,13			
13	14	0,56	27	7	0,24			
14	16	0,55	28	17	0,51			

Das Holz besitzt einen ausgeprägten *Wurzelcharakter*, da die Jahresringe lediglich aus der inneren und äusseren Schicht gebildet werden, und bisweilen setzt sich jede derselben nur aus je zwei Zellen in radialer Richtung zusammen. Diesem Bau entspricht der fast überall herrschende rechteckige Querschnitt der Tracheiden. Die tangentiale Breite derselben ist grösseren Schwankungen unterworfen, und man kann selbst in dieser langen Folge von Jahresringen eine allmähliche Zunahme nach aussen kaum wahrnehmen; die mittlere Breite beträgt 42,1 μ.

Jahresringe	Breite der Tracheiden	Jahresringe	Breite der Tracheiden	Jahresringe	Breite der Tracheiden	Jahresringe	Breite der Tracheiden
1	39,1 μ	11	43,3 μ	21	38,0 μ	31	43,1 μ
2	41,5 μ	12	38,0 μ	22	47,1 μ	32	36,1 μ
3	46,5 μ	13	44,1 μ	23	42,0 μ	33	39,5 μ
4	43,0 μ	14	44,0 μ	24	39,3 μ	34	43,1 μ
5	39,5 μ	15	43,3 μ	25	42,0 μ	35	45,0 μ
6	41,0 μ	16	40,3 μ	26	38,0 μ	36	41,1 μ
7	41,0 μ	17	41,0 μ	27	40,0 μ	37	46,1 μ
8	42,0 μ	18	37,0 μ	28	45,0 μ	38	38,0 μ
9	38,0 μ	19	45,0 μ	29	45,0 μ		
10	44,1 μ	20	41,0 μ	30	40,1 μ		

Die Membran der Tracheiden ist vielfach verändert und fast überall dünner geworden. Auf der radialen Seite sind undeutliche Hoftüpfel von 14,9 bis 19,9 μ, gewöhnlich 17 μ Höhe erkennbar. Sie stehen in zwei oder in einer Längsreihe, zuweilen so dicht beisammen, dass sie sich gegenseitig berühren und wohl auch etwas abplatten. In dem Tangentialschliff tritt auch die Profilansicht dieser Tüpfel hervor.

Holzparenchym ist häufig vorhanden und ziemlich gut erhalten, in allen Präparaten sieht man sowohl die dünnwandigen Parenchymzellen als auch den harzigen Inhalt in denselben.

Die Markstrahlen haben einen einschichtigen Bau und werden aus 1 bis 10, gewöhnlich aus 5 bis 8 Stockwerken zusammengesetzt; ihre Gesammthöhe beträgt demnach 0,073 bis 0,73, gewöhnlich 0,12 bis 0,15 mm, jedoch sind diese Zahlen nur als Näherungswerthe zu betrachten, weil die undeutliche Erhaltung des Tangentialschliffes eine genaue Messung nicht ermöglicht. Die einzelnen Strahlenzellen erreichen eine Höhe von 19 bis 30,1 μ, im Mittel 22,8 μ; Tüpfel auf den Wänden sind nicht sichtbar. Innerhalb einer Tangentialfläche von 1 qmm liegen 32 bis 43, gewöhnlich 38 Markstrahlen.

Der *Zustand* dieses Holzes vor seiner Versteinerung war ein ähnlicher wie der des ersten Holzes von Kivik (a). Zunächst finden sich auch hier Spuren einer Quetschung, welche wohl mehr radial erfolgt sein mag, da die Tracheiden in dieser Richtung comprimirt sind. Das Vorkommen von Parasiten ist nicht direct nachzuweisen, jedoch deuten die Verringerung der Zellwände und die tangentiale Erweiterung der Markstrahlen auf einen Substanzverlust hin, der wahrscheinlich durch Pilze verursacht ist. Ferner treten in den Strahlenzellen und in den Tracheiden zarte, meist radial verlaufende Sprünge auf, welche später durch Zusammentrocknen des Holzes hervorgerufen wurden; bisweilen sind in einer langen radialen Reihe von Zellen immer die tangentialen Wände in ihrer Mitte auseinander gerissen.

Hinsichtlich der Petrificirung gilt hier dasselbe, was über das Holz a gesagt ist.

Schliesslich will ich die Bemerkung nicht unterdrücken, dass die Hölzer a und b sowohl in Bezug auf den anatomischen Bau, als auch in Bezug auf den Erhaltungszustand, völlig übereinstimmen. Dennoch geht hieraus nicht etwa hervor, dass sie von derselben Baumart oder gar von demselben Individuum abstammen, denn der Bau der Cupressineen ist im Allgemeinen ja ausserordentlich gleichartig. Ein wesentlicher Unterschied zwischen beiden Stücken bleibt insofern bestehen, als das eine ein Roll- und das andere ein Geschiebeholz ist.

5.

Rhizocupressinoxylon von Kivik (c).

Taf. IV, Fig. 1—8.

Sammlung des Schulmuseums in Malmö.

Als ich im Herbst 1889 das Schulmuseum in Malmö besuchte, fand ich in dessen reichhaltigen Sammlungen auch ein verkieseltes Geschiebeholz aus Kivik vor und bat den

Vorstand um eine Probe zur Untersuchung. Das ganze Stück hatte eine feste Consistenz, war gelblichgrau und stellenweise rostbraun gefärbt, was nachträglich durch Eisenoxydhydrat hervorgerufen sein mag. Die beiden, schalig abgelösten Splitter, welche Herr Lector EURSSIUS freundlichst mir übergab, sind 6 bis 7 cm lang und haben der nachstehenden Beschreibung zur Unterlage gedient.

Schon mit unbewaffnetem Auge erkennt man auf der Bruchfläche enge Jahresringe und unter dem Mikroskop erhält man folgende Maasse derselben.

Jahresringe	Breite in Zellen	Breite in Millim.
n + 1	—	—
n + 2	30	1,105
n + 3	13	0,343
n + 4	36	1,149
n + 5	22	0,719
n + 6	33	1,107

Die Jahresringe werden fast immer nur aus der äusseren und inneren Schicht zusammengesetzt, während die mittlere fehlt; daher zeigen diese Stücke gleichfalls den Bau eines *Wurzelholzes*. Die Tracheiden sind im Querschnitt meist rechteckig und besitzen eine mittlere tangentiale Breite von 34,5 μ, wie sich aus der unten stehenden Tabelle ergiebt.

Jahresringe	Breite der Tracheiden
n + 1	35,5 μ
n + 2	37,5 μ
n + 3	35,5 μ
n + 4	35,1 μ
n + 5	34,4 μ
n + 6	33,1 μ

Die Tracheiden haben überall die ursprüngliche Stärke ihrer Membran bewahrt — soweit diese nicht nachträglich mechanisch verändert ist — und sind im Sommerholz oft so dickwandig, dass nur ein schmaler Spalt für das Lumen übrig bleibt. Auf ihren radialen Wänden stehen gewöhnlich zwei Reihen von Hoftüpfeln, auf den schmäleren im Sommerholz verläuft nur eine Reihe. An einzelnen Stellen, wo die Tüpfel gedrängt beisammen stehen, wie z. B. gegen die Enden der Tracheiden, platten sie sich gegenseitig ab. Die Höhe der Tüpfel beträgt 11,6 μ bis 16,6 μ, im beobachteten Mittel 13,6 μ. Auch auf der Tangentialwand beobachtete ich hier und da Hoftüpfel, die nur 8,3 μ bis 10,8 μ, im Mittel 9 μ hoch sind.

Holzparenchym tritt, besonders in der Sommerschicht der Jahresringe, zahlreich auf und erscheint manchmal in tangentialen Reihen angeordnet. In der Verticalansicht (Taf. IX, Fig. 7 D) sind die Parenchymzellen langgezogen und seitlich wenig ausgebaucht; daher erscheint das Holzparenchym nicht so kurz gegliedert, wie in vielen anderen Fällen. Hin und wieder lässt sich auch im Querschnitt (Taf. IX, Fig. 4 D) noch ein harziger Inhalt erkennen.

Die Markstrahlen sind einschichtig (Taf. IX, Fig. 8 b) und höchstens 12 Stockwerke (0,₈₆ mm) hoch; im Mittel zählen sie übereinander nur 3 bis 6 Zellreihen, die einer Gesammthöhe von 0,₁₁ bis 0,₁₄ mm entsprechen. Auf eine Tangentialfläche von 1 qmm kommen 36 bis 50, durchschnittlich 41 Markstrahlen. Die Strahlenzellen sind auf ihren radialen Wänden mit elliptischen Hoftüpfeln bekleidet, welche zu zweien in einer oder zwei alternirenden oder opponirten Reihen übereinander angeordnet sind. Die Höhe der Zellen wechselt zwischen 15,₇ μ und 26,₆ μ; im beobachteten Mittel sind sie 19,₈ μ hoch. Viele Strahlenzellen führen einen bräunlichen bituminösen Inhalt (Taf. IX, Fig. 4 u. 5).

Wenn wir den *Zustand*, in welchem sich das Holz vor seiner Petrificirung befunden hat, untersuchen wollen, müssen wir vor Allem einer eigenthümlichen Erscheinung gedenken, die in allen Schliffen, jedoch besonders in horizontalen (Taf. IX, Fig. 4), deutlich hervortritt. An vielen Stellen sind nämlich die Wände benachbarter Tracheïden in der Mitte mehr oder weniger auseinander gewichen und haben nach innen *Falten* gebildet, welche bald die Form eines flachgewölbten (Taf. IX, Fig. 6), bald die eines scharf-schneidigen Rückens (Taf. IX, Fig. 5) annehmen. Sie erstrecken sich vertical über weite Partieen der Zellwand, wobei ihre Innenkante entweder in wechselnden Abständen (Taf. IX, Fig. 7) oder parallel derselben verläuft, bisweilen in unterbrochener Folge (Taf. IX, Fig. 8). Oft stehen sich in einer Zelle zwei Falten gegenüber, und in diesem Falle pflegen die beiden Innenkanten bilateral symmetrisch ausgebildet zu sein, wie es in Fig. 7 auf Tafel IX sichtbar ist; bisweilen gehen die Falten soweit in das Lumen hinein, dass sie aneinander stossen und sich auf kürzere Strecken berühren. Was ihr Vorkommen auf den verschiedenen Wänden der Tracheïden anlangt, so herrschen sie wohl auf den tangentialen vor, jedoch treten sie bisweilen in derselben Zelle nicht nur tangential, sondern auch radial auf (Taf. IX, Fig. 4, 5), und überdies kommen auch mehrere Falten in derselben Wand nebeneinander vor; in diesem Falle überragt meist eine derselben alle übrigen. Die Zellen mit gefalteten Wänden liegen sowohl im Frühjahrs- als auch im Sommerholz, gewöhnlich in unregelmässig begrenzten Gruppen beisammen, welche eine gesetzmässige Vertheilung im Querschnitt des Holzes nicht erkennen lassen.

Was die Bildung dieser Falten betrifft, so beruht sie jedenfalls nicht auf normalen oder abnormen Wachsthumsverhältnissen im lebenden Baum, wie z. B. die Falten der innersten Verdickungsschicht der Tracheïden, deren H. Schacht aus dem Wurzelholz von Araucaria brasiliana Lamb. Erwähnung thut,[1] oder wie die von Carl Müller in zahlreichen Coniferen aufgefundenen Sanio'schen Balken,[2] deren Ursprung er auf Anlagen im

[1] H. Schacht. Ueber den Stamm und die Wurzel der Araucaria brasiliana. Botanische Zeitung. XX. Jahrgang 1862. S. 412. Taf. XIII, Fig. 16.

[2] C. Müller. Ueber die Balken in Holzelementen der Coniferen. Berichte der Deutschen Botanischen Gesellschaft. Jahrgang 1890. Bd. VIII, S. 17. Taf. XIV, Fig. 8.

Cambium zurückführt. Vielmehr ist die in Rede stehende Erscheinung meiner Ansicht nach erst später im fertigen Holz entstanden, und zwar in Folge eines von aussen auf das Holz ausgeübten Druckes. Aus dem Umstande, dass die Wände selbst wenig verbogen sind, und aus dem weiteren Umstande, dass auf Wänden *verschiedener* Richtung Falten vorkommen, glaube ich folgern zu dürfen, dass jene mechanische Einwirkung nicht seitlich (radial oder tangential), sondern mehr oder weniger von oben stattgehabt hat. A priori kann man nicht entscheiden, ob sich dieser Vorgang — etwa durch Baumschlag — am lebenden Baum oder erst später am todten Holz vollzogen hat; da hier aber ein Wurzelholz vorliegt, ist der erstere Fall wenig wahrscheinlich. Jedenfalls muss das Holz in ganz frischem Zustande gedrückt sein, so lange die Membran der Zellen ihre Elasticität besass, zumal nirgends eine Spur von Rissen in denselben wahrzunehmen ist.

Ich will hier nicht unerwähnt lassen, dass H. R. GOEPPERT eine Faltung der Zellwände in alten Stämmen von Cryptomeria japonica Dom. und von Araucaria Cunninghami Ait. beobachtet hat;[1] ob diese Bildungen aber hierher gehören, lässt sich, seinen Beschreibungen und Abbildungen nach, nicht entscheiden.

Was im Uebrigen den Zustand des Holzes vor seiner Versteinerung anlangt, so findet man zwar in vereinzelten Fällen winzige Hyphenreste parasitischer Pilze, die sich in anderen Theilen der Wurzel oder des Stammes reichlicher mögen entfaltet haben, indessen fehlt in den vorliegenden Präparaten jede Spur ihrer Einwirkung auf die Zellwand. Daher ist der Zustand des kleinen Holzstückes im Allgemeinen als nahezu *gesund* zu bezeichnen.

Die petrificirende Masse besteht aus krystallinischer und amorpher Kieselsäure; später ist Eisenoxydhydrat eingelagert und hat stellenweise jene Färbung hervorgerufen, welche schon oben erwähnt wurde.

6.

Rhizocupressinoxylon von Svinaberga.

Sammlung der Geologischen Untersuchung in Stockholm.

Dieses Kieselholz wurde dem damaligen Staatsgeologen Herrn Dr. A. G. NATHORST bei Svinaberga im Norden von Cimbrishamn übergeben. Es ist ein ursprünglich in der Richtung der Jahresringe und der Markstrahlen gespaltenes, vierkantiges, später abgerolltes Stück von 12,3 cm verticaler, 2,8 cm radialer und 1,8 cm tangentialer Ausdehnung. Es besitzt eine erbsengelbe, stellenweise röthlichgelbe, Färbung und feste Consistenz; die Oberfläche ist uneben und theilweise mit Vertiefungen versehen, welche die Thätigkeit parasitischer Pilze im frischen Holz vermuthen lassen.

---

[1] H. R. GOEPPERT, Monographie der fossilen Coniferen. Leiden 1850. Taf. V, Fig. 1 ab und Taf. XIV, Fig. 1 ce.

Sowohl auf der horizontalen Bruch-, als auch Schnittfläche sind mit blossem Auge *Jahresringe* zu erkennen, von denen sich aber einzelne unter dem Mikroskop in mehrere Ringe auflösen.

Jahresringe	Breite in Zellen.	Breite in Millim.	Jahresringe	Breite in Zellen.	Breite in Millim.	Jahresringe	Breite in Zellen.	Breite in Millim.
a + 1	—	--	a + 9	37	1.012	a + 17	25	0.861
a + 2	31	0.821	a + 10	40	1.122	a + 18	28	0.965
a + 3	14	0.483	a + 11	55	1.868	a + 19	26	0.978
a + 4	23	0.698	a + 12	54	1.848	a + 20	29	0.922
a + 5	54	1.865	a + 13	48	1.688	a + 21	30	0.853
a + 6	38	1.188	a + 14	37	1.118	a + 22	—	—
a + 7	71	2.892	a + 15	30	0.918			
a + 8	44	1.509	a + 16	38	1.883			

Aus dieser Tabelle geht hervor, dass die Jahresringe fast durchweg eng sind, denn ihre Breite variirt gewöhnlich von ½ bis wenig über 1 mm. Der Bau entspricht demjenigen enger Jahresringe in Wurzelhölzern überhaupt, indem die innere und äussere Schicht unmittelbar aneinander grenzen. Bemerkenswerth ist, dass auch hier zuweilen eine Verdoppelung eintritt, wie z. B. in den Ringen a + 6, a + 7 und a + 11 des vorhandenen Dünnschliffes. Man wird also annehmen können, dass der lebende Baum in einigen Jahren, sogar in zwei aufeinander folgenden Sommern, seine Nadeln theilweise verloren hat, wodurch jene Unregelmässigkeit in der Ausbildung einzelner Jahresringe veranlasst wurde.

Die *Tracheiden* sind im Querschnitt mehr oder weniger rechteckig und öfters — zumal im Sommerholz — abgerundet und lassen dann kleine Intercellularen zwischen sich. Die tangentiale Breite nimmt im Allgemeinen von innen nach aussen zu, wenn auch nicht so regelmässig, wie es meist in Stamm- und Asthölzern der Fall zu sein pflegt. Die mittlere Breite berechnet sich aus den nachfolgenden Zahlen auf 39,8 μ.

Jahresringe	Breite der Tracheiden	Jahresringe	Breite der Tracheiden	Jahresringe	Breite der Tracheiden	Jahresringe	Breite der Tracheiden
a + 1	36,5 μ	a + 7	32,7 μ	a + 13	38,9 μ	a + 19	44,1 μ
a + 2	40,1 μ	a + 8	36,7 μ	a + 14	40,9 μ	a + 20	43,9 μ
a + 3	40,8 μ	a + 9	44,1 μ	a + 15	36,7 μ	a + 21	39,5 μ
a + 4	38,9 μ	a + 10	44,8 μ	a + 16	44,8 μ	a + 22	—
a + 5	40,4 μ	a + 11	41,6 μ	a + 17	41,9 μ		
a + 6	40,9 μ	a + 12	39,5 μ	a + 18	42,4 μ		

Auf den radialen Wänden der Tracheiden stehen Hoftüpfel in zwei oder in einer Längsreihe; in ersterem Falle sind die beiden neben einander liegenden Tüpfel häufig noch von einem *gemeinsamen* Hof umgeben. Die Höhe der Tüpfel beträgt 10 bis 14,1 μ, im beobachteten Mittel 11,3 μ. Bisweilen vermisst man im Radialschliff auf weite Strecken hin jede Spur eines Tüpfels, was in dem Umstande seine Erklärung findet, dass sie im Allgemeinen im mittleren Theile der Tracheïden sparsamer vorkommen und oft auch ganz fehlen. Andererseits will ich aber nicht unerwähnt lassen, dass man in den hyalinen Partieen der Dünnschliffe überhaupt Conturen schwer zu unterscheiden vermag; am deutlichsten treten sie an solchen Stellen hervor, wo eine gelbe Färbung durch Eisenoxydhydrat hervorgerufen ist. Auch auf den tangentialen Wänden finden sich garnicht selten behöfte Tüpfel; diese sind kleiner und stehen zerstreut, bisweilen in einer kurzen unterbrochenen Längsreihe.

Das *Holzparenchym* kommt häufig im Frühjahr- und Sommerholz, meist in tangentialen Reihen vor. Die Parenchymzellen zeigen in der Längsansicht eine sehr verschiedene Höhe und sind öfters seitlich ausgebaucht. Im Innern liegt hier und da ein, vom Eisenoxydhydrat wohl zu unterscheidender Inhalt, welcher harziger Natur sein dürfte. Sehr oft bemerkt man, jetzt mit Luft erfüllte Hohlräume, die theilweise wahrscheinlich auch einst von Harz eingenommen waren.

Die *Markstrahlen* sind einschichtig und niedrig; sie bestehen aus 1 bis 18, gewöhnlich aus 5 bis 6 Stockwerken, denen eine Gesammthöhe von 0,027 bis 0,349, gewöhnlich von 0,17 bis 0,23 mm entspricht. Die einzelnen Parenchymzellen werden 11,1 bis 26,4 μ, im beobachteten Mittel 20,4 μ hoch. Die radialen Wände derselben sind mit schräge gestellten, elliptischen Tüpfeln bekleidet, welche einzeln oder zu mehreren in einer oder zwei Reihen übereinander stehen; diese Tüpfel sind aber nur in selteneren Fällen conservirt. Die Markstrahlen vertheilen sich in der Weise, dass 26 bis 35, im Mittel 30, auf 1 qmm Tangentialfläche zu liegen kommen.

Schon bei der Betrachtung des Äusseren des fossilen Holzes fanden wir Spuren parasitärer Einwirkung, und die mikroskopische Untersuchung lehrt, dass dieses Schwinden der Substanz auf die Anwesenheit von Pilzen zurückzuführen ist. Zunächst bemerkt man im Längsschliff schräge aufsteigende Spalten, welche in der Wandung der Tracheïden bis auf die äusserste Wandschicht verlaufen; diese letztere ist an vielen Stellen aufgelöst, sodass hier dann die Zellen isolirt neben einander liegen. Auch finden sich in den Tracheïden und Strahlenzellen hyaline Reste von dünnen verzweigten Hyphen, welche zweifellos jenem Parasiten zugehören. Nach Ron. HARTIG kommt eine spaltenförmige Zersetzung der Membran nur bei den durch Polyporus mollis Fr., P. sulfureus Fr. und P. vaporarius Fr. in lebenden Bäumen hervorgerufenen Krankheiten vor. Während aber der zuletzt genannte Parasit immer zahlreich übereinander stehende, gewissermaassen einen grossen Verticalspalt zusammensetzende, kurze Risse bildet, verlaufen die Spalten bei P. mollis und sulfureus — wie in unserem fossilen Holze — auf längere Strecken, oft nur die halbe Peripherie der Zellwand. P. mollis kommt ausschliesslich an Kiefern vor, wogegen P. sulfureus einer der verbreitetsten Parasiten an Eichen, Baumweiden, Pappeln, Nuss- und Birnbäumen ist; ausserdem hat HARTIG ihn allerdings auch einmal auf Larix europaea D. C. in Tirol angetroffen.[1] Im Hinblick auf diese Verhältnisse in der Gegenwart kann man wohl annehmen, dass die Krankheit des fossilen Holzes von Svinaberga wahrscheinlich durch einen Polyporus mollis-ähnlichen Pilz hervorgerufen ist, dessen Existenz übrigens

---

[1] R. HARTIG, Lehrbuch der Baumkrankheiten. Berlin 1882. S. 87.

auch schon zur Bernsteinzeit nachgewiesen ist.[1] Ich will noch bemerken, dass bisweilen an wundfaulen Hölzern gleichfalls eine schräge Spaltung der Zellwand vorkommt,[2] jedoch ist diese Erscheinung stets von einem eigenthümlichen, durch Austrocknen unregelmässig zerrissenen, oft körnigen Niederschlag begleitet, wovon in dem vorliegenden Holz nichts zu sehen ist.

Aus der mikroskopischen Betrachtung ergiebt sich ferner, dass sr. Zt. auf das frische Holz ein Druck von aussen ausgeübt ist. Einige Tracheïden sind nämlich im Querschnitt verbogen, und andere zeigen überdies kleine Vorsprünge nach innen, wie wir sie in ausgezeichneter Ausbildung im Wurzelholz von Kivik (Taf. IX, Fig. 4) kennen gelernt haben. Freilich sind sie hier nur schwach entwickelt, bisweilen auch nur markirt; immerhin kann man sie sowohl in Quer- als auch in Längsschliffen deutlich erkennen, wenn das Auge einmal dafür geschärft ist. Andere Störungen im Gewebe, wie z. B. Verschiebungen von Markstrahlen u. dgl., habe ich nirgends wahrgenommen.

Das Holz ist durch krystallinische Kieselsäure petrificirt; stellenweise finden sich Eisenoxydhydrat und sonstige Beimengungen vor.

7.

Coniferen-Wurzelhölzer von Bästekille.

Sammlung der Geologischen Untersuchung in Stockholm.

Im Sommer 1890 wurden in der Moräne bei Bästekille zwei verkieselte Holzstücke aufgefunden, von denen das eine etwa 9 und das andere 13 cm lang ist. Beide sind unförmlich flach und knorrig und haben wohl ursprünglich zu einander gehört, obschon sich eine gemeinsame Bruchfläche nicht mehr erkennen lässt; indessen ist ihr makro- und mikroskopisches Aussehen durchweg ident. Sie sind im Innern dunkelbraun und ausserlich hellbraun bis gelblichbraun gefärbt, an der Oberfläche leicht zerreiblich.

Die nähere Untersuchung der Hölzer lehrt, dass sie in frischem Zustande eine hochgradige Zersetzung erlitten haben, und dass sich ihre Verkieselung unter fremdartigen Beimengungen vollzogen hat. In Folge dessen erhält man unter dem Mikroskop nur ein undeutliches und unvollständiges Bild ihres Baues. Die Jahresringe besitzen eine verschiedene Breite. Einige derselben sind sehr eng und bestehen lediglich aus der inneren und äusseren Schicht, wobei jene bisweilen vier bis fünf und diese eine einzige Zellreihe zählt. Man kann hieraus schliessen, dass ein *Wurzelholz* vorliegt. Auf der radialen Wand der Tracheïden sind behöfte Tüpfel sehr selten wahrzunehmen; ob diese ein- oder zweireihig stehen, lässt sich nicht entscheiden, jedoch ist letzteres wahrscheinlich dort der

---

[1] H. CONWENTZ, Monographie der baltischen Bernsteinbäume. Danzig 1890. S. 121. Taf. XI, Fig. 4.
[2] R. HARTIG, Die Zersetzungserscheinungen des Holzes der Nadelholzbäume und der Eiche. Berlin 1878. Taf. XI, Fig. 7.

Fall, wo die Zellwand die erforderliche Breite besitzt. Holzparenchym habe ich nirgends deutlich erkannt; hin und wieder bemerkt man zwar eine braune Masse, ohne den Nachweis führen zu können, dass es sich um Harz in Parenchymzellen handelt. Die Markstrahlen sind, soweit ersichtlich, überall einschichtig.

Die Einwirkung von parasitischen Pilzen auf die in Rede stehenden Hölzer lässt sich nicht verkennen, obwohl das Mycel selbst nicht mehr vorhanden ist. Dennoch spricht im Allgemeinen das Schwinden der Substanz und besonders die Entstehung von Lücken im Holzgewebe für die Richtigkeit jener Annahme. Angesichts dieser mangelhaften Erhaltung lässt sich die Gattungs-Bestimmung der fraglichen Hölzer nicht ausführen. Es ist nicht zu bezweifeln, dass ein Nadelholz vorliegt, ob dieses aber dem Typus Cedroxylon oder Cupressinoxylon entspricht, lässt sich auf Grund der vorhandenen Dünnschliffe nicht entscheiden. Vielleicht würden neue Dünnschliffe, welche besser conservirten Partieen der Hölzer zu entnehmen wären, ein befriedigendes Resultat liefern.

8.

Rhizocupressinoxylon von Greflundamölla.

Sammlung der Geologischen Untersuchung in Stockholm.

Dieses Stück, welches ich erst vor Kurzem von Herrn Dr. HOLST zur Untersuchung erhielt, war gleichfalls in vorigem Sommer, in der Moräne bei Greflundamölla gefunden worden. Es stellt ein flaches, ca. 26 cm langes Spaltungsstück vor, dessen grösster radialer Durchmesser 10 cm und dessen tangentialer etwa 6 cm beträgt. Das Innere ist dunkelbraun gefärbt, wogegen die Oberfläche gebleicht erscheint, vermuthlich zufolge längeren Liegens an der Atmosphäre.

Die *Jahresringe*, welche man zum Theil schon mit blossem Auge erkennen kann, besitzen eine sehr verschiedene Mächtigkeit; denn sie variiren in dem Dünnschliff, welcher nur einen kleinen Theil des ganzen Querschnittes umfasst, zwischen 0,7 und 6,3 mm.

Jahresringe.	Breite in Zellen	Breite in Millim.
a – 1	—	—
a – 2	37	1,553
a – 3	8	0,178
a + 4	34	1,342
a + 5	7	0,315
a + 6	28	3,331
a – 7	22	0,812
a + 8	168	6,...
a + 9	—	—

Hierbei ist zu bemerken, dass das mikroskopische Bild des Querschnittes, vornehmlich im zweiten, sechsten und achten Jahresringe, an Deutlichkeit zu wünschen übrig lässt. Abgesehen von nachträglichen localen Verbiegungen, die störend wirken, sind auch die Jahresringe a priori unvollkommen ausgebildet. Die mittlere Schicht derselben tritt mehr oder weniger zurück, so dass im ganzen Jahresring die rechteckige Zellform vorherrscht; die äussere Schicht besteht oft nur aus einer oder aus zwei Zellreihen und kann übrigens nicht immer in ihrem weiteren Verlauf verfolgt werden. Aus diesem Bau der Jahresringe ergiebt sich wiederum, dass hier ein *Wurzelholz* vorliegt.

Die *Tracheïden*, welche gewöhnlich die Gestalt eines vierseitigen Prismas besitzen; verlaufen gerade vertical und lassen in der Radialansicht auch ihre wurmförmig gekrümmten Enden erkennen. Die Membran der bei Weitem meisten Zellen im Frühjahrs- und Sommerholz ist auffallend dünn, was in dem später zu erörternden, pathologischen Zustande des Holzes seine Erklärung findet. Die tangentiale Breite der Zellen an der Grenze der Jahresringe wechselt zwischen 29,4 und 42,4 μ und beträgt durchschnittlich 34,5 μ — eine verhältnissmässig hohe Zahl, welche durch die Natur des vorliegenden Organs bedingt wird. Aus der folgenden Tabelle ist die stetige Zunahme der Breite nach der Peripherie desselben ersichtlich.

Jahresringe.	Breite der Tracheïden
a + 1	30,4 μ
a + 2	31,9 μ
a + 3	29,4 μ
a + 4	32,1 μ
a + 5	35,4 μ
a + 6	34,7 μ
a + 7	40,7 μ
a + 8	42,4 μ
a + 9	—

Die radiale Wand ist gewöhnlich mit zwei Reihen kreisrunder Hoftüpfel bekleidet; an einer besonders breiten Stelle bemerkte ich sogar drei nebeneinander, was auch mit der Wurzelnatur des Holzes in Einklang steht. Wenn die Wand sehr schmal ist, wie z. B. in den Sommerzellen, bilden die Tüpfel nur eine Längsreihe; aber auch in anderen Fällen kann es vorkommen, dass die zwei oder drei Reihen stellenweise in eine umsetzen. Die Höhe der Tüpfel beträgt 10,4 bis 15,4 μ, im beobachteten Mittel 13,7 μ. Sie stehen übrigens zuweilen so eng beisammen, dass sie sich seitlich oder auch oben und unten abplatten; dieser Erscheinung begegnet man hauptsächlich nahe den Zellenden. Wo zwei oder drei Tüpfel auf gleicher Höhe nebeneinander liegen, werden sie häufig noch von einem *gemeinsamen* Hof umgeben, wie er auch schon bei anderen hier beschriebenen und sonstigen fossilen Nadelhölzern angetroffen wurde.

Auf der tangentialen Wand finden sich gleichfalls behöfte Tüpfel, welche kleiner sind und meist in kurzen, unterbrochenen, einfachen Reihen stehen. Diese Tüpfel können nicht nur im Tangentialschliff von oben, sondern auch im Radialschliff von der Seite deutlich wahrgenommen werden.

Die Membran der Tracheïden zeigt eine vorzügliche *Spiralstreifung*, und zwar tritt diese nicht nur im Sommer-, sondern auch im Frühjahrsholz auf. Wohl zu unterscheiden hiervon ist eine gröbere spiralige Spaltung der Membran, welche eine Krankheit zu Grunde liegt, auf welche ich noch unten zurückkommen werde.

Holzparenchym erscheint, besonders im Frühjahrsholz, häufig in zonenartiger Anordnung; es besteht aus längeren oder kürzeren, seitlich ausgebauchten Parenchymzellen, welche im vorliegenden Stadium nicht dünnwandiger, als die angrenzenden Tracheïden sind. Wenn zwei Verticalreihen dieser Zellen, wie es nicht selten der Fall ist, nahe bei einander verlaufen, bilden sie hin und wieder Anastomosen. Im Querschnitt erkennt man die Parenchymzellen an ihrem braunen Inhalt, welcher zumeist aus kleinen Kügelchen, seltener aus grösseren Harzballen besteht, die in Folge späteren Zusammentrocknens von zahlreichen Sprüngen durchsetzt sind.

Die *Markstrahlen* sind einschichtig, jedoch kommt es garnicht selten vor, dass das eine oder andere Stockwerk aus zwei Zellreihen nebeneinander besteht; durchgehends zweischichtige Strahlen habe ich nicht bemerkt. Der Höhe nach bilden sie 1 bis 14, gewöhnlich 4 bis 7 Stockwerke; nach Maass beläuft sich die Höhe auf 0,022 bis 0,317 mm, im beobachteten Mittel auf 0,11 bis 0,18 mm. Die Strahlenzellen selbst sind 19 bis 36,4 μ im Mittel 25,8 μ hoch. Ihre radiale Wand ist reichlich mit kleinen elliptischen Tüpfeln besetzt, deren Längsaxe meist horizontal verläuft; bisweilen werden sie, zumal oben und unten, von einem schmalen Hof umsäumt. Sie stehen in der Breite einer Längstracheïde zu 1 bis 3 nebeneinander, in einer oder zwei Reihen übereinander; in letzterem Falle sind sie entweder gegenüber oder abwechselnd gestellt, so dass im Allgemeinen eine grosse Mannigfaltigkeit in der Anordnung dieser Tüpfel auf der Radialwand der Strahlenzellen zu Stande kommt. Was die Vertheilung der Markstrahlen im Holz betrifft, so pflegen 39 bis 51, im Mittel 44 in 1 qmm Tangentialfläche zu liegen.

Ueber den *Zustand* des Holzes vor seiner Petrificirung ist nach dem mikroskopischen Befunde zweierlei zu bemerken. Einmal ist dasselbe von aussen einer mechanischen Einwirkung ausgesetzt gewesen, in Folge deren — wie bereits oben erwähnt — einige Schichten verbogen und überdies zahlreiche kleinere und grössere Risse, hauptsächlich in radialer Richtung, entstanden sind. Unter Anwendung einer stärkeren Vergrösserung bemerkt man ferner jene eigenthümliche Faltung der Zellwand, welche ich schon aus dem Wurzelholz von Kivik ausführlich behandelt und abgebildet habe (Taf. IX, Fig. 4). Ähnlich wie dort, ist auch hier der Zellverband nur sehr wenig gelockert; die Falten ragen sowohl von den tangentialen, als auch von den radialen Wänden in das Innere und lassen sich auf den Längsschliffen deutlich verfolgen. Es dürfte auch hier anzunehmen sein, dass sich sr. Zt. der Druck auf das frische Holz nicht seitlich, sondern mehr oder weniger in verticaler Richtung vollzogen hat.

Zweitens zeigt das Stück die Spuren einer Zersetzung, welche der in recentem Kiefernholz durch Polyporus mollis Fr. hervorgerufenen Erscheinung ähnlich sieht. An mehreren Stellen wird nämlich die Wand der Tracheïden von schräge aufsteigenden, parallelen Spalten durchzogen, welche bisweilen auch auf die benachbarten Strahlenzellen überzugehen scheinen. Eine weitere Folge dieser Zersetzung ist die schon oben erwähnte, fast allgemein herrschende Dünnwandigkeit der Tracheïden und das Vorhandensein unregelmässig begrenzter Lücken im Holzgewebe; dagegen habe ich Perforationen der Membran oder gar Ueberreste von Pilzhyphen nirgends wahrgenommen.

Das Holz ist in amorphe Kieselsäure umgewandelt und zeigt eine gute fossile Erhaltung.

—————

9.

Rhizocupressinoxylon von Cimbrishamn.

Phytopalæontologische Abtheilung des Naturhistorischen Reichsmuseums in Stockholm.

Aus dem Meere bei Cimbrishamn stammen drei verkieselte Holzstückchen, deren grösstes 10,s cm lang ist und einen rechteckigen Querschnitt von 6 × 10 mm Breite besitzt. Sie sind erbsengelb und stellenweise rostbraun gefärbt; ihre Consistenz ist durchweg fest.

Die Jahresringe sind makroskopisch angedeutet und mikroskopisch wohl ausgebildet. Ihre Breite ist aus der folgenden Tabelle ersichtlich, jedoch muss hierin beachtet werden, dass der vorletzte Jahresring etwas verschoben und der letzte im Präparat unvollständig erhalten ist.

Jahresringe.	Breite in Zellen	Breite in Millim.
« » 1	--	--
« » 2	2s	0,72s
« » 3	31	1,s22
« » 4	16	0,s22
« » 5	54	1,s42
« » 6	33	1,s42
« » 7	31	1,s22

Die engen Jahresringe bestehen auch in diesem Falle nur aus zwei Schichten, nämlich der inneren und der äusseren, und diese Thatsache lehrt, dass hier wiederum ein *Wurzelholz* vorliegt. Dementsprechend zeigen die Tracheïden fast immer einen rechteckigen Querschnitt, der je nach der Schicht eine verschiedene Ausdehnung in radialer Richtung besitzt. Ihre mittlere Breite beträgt 37,s μ, und im Einzelnen ergeben sich folgende Zahlen für ihre Breite.

Jahresringe	Breite der Tracheiden
» » 1	33,1 μ
» » 2	37,1 μ
» » 3	38,0 μ
» » 4	36,3 μ
» » 5	37,3 μ
» » 6	40,1 μ
» » 7	41,0 μ

Die radiale Wand der Tracheiden ist mit zwei- oder einseitigen Hoftüpfeln bedeckt, welche nach den Enden hin zahlreicher werden und oft so dicht beisammen stehen, dass sie sich gegenseitig berühren und abplatten. Die Höhe der Tüpfel schwankt zwischen 10,0 und 13,3 μ; das beobachtete Mittel beträgt 11,8 μ. Auf den tangentialen Wänden habe ich in den vorhandenen Dünnschliffen keine Tüpfel wahrgenommen.

Holzparenchym tritt häufig auf und besteht aus verticalen Reihen langgestreckter Parenchymzellen, welche schwach ausgebaucht sind. Der harzige Inhalt ist zusammengetrocknet und zeigt eine weitgehende Zerklüftung; überdies bemerkt man oft Luftblasen, die nachträglich eingedrungen sind.

Die *Markstrahlen* sind einschichtig und niedrig. Sie werden aus 1 bis 11, gewöhnlich aus 4 bis 5 Stockwerken zusammengesetzt; demgemäss beträgt die Höhe der Strahlen 0,073 bis 0,738, im beobachteten Mittel 0,143 bis 0,17 mm. Die Höhe der einzelnen Zellen ist 15,3 bis 26,8 μ, im Mittel 20,2 μ. Auf ihrer radialen Wand sind bisweilen breitelliptische Tüpfel sichtbar, welche zu 2 oder 3 in einer oder zwei Reihen übereinander stehen.

Im Innern der Strahlenzellen liegt häufig eine bräunliche Masse, welche zum Theil harziger Natur sein mag. Was endlich die Vertheilung der Markstrahlen in der Tangentialfläche anlangt, so kommen 32 bis 41, im Durchschnitt 35 auf 1 qmm.

Nach dieser Schilderung des anatomischen Baues gehen wir zur Untersuchung der Zersetzungserscheinungen und sonstigen Anomalien im Holze über. Der lebende Baum war von einem parasitischen Pilze befallen, dessen zarte verzweigte Hyphen sporadisch vorkommen, und in einzelnen Fällen findet man auch eine Polyporus mollis-ähnliche Spaltung der Zellwand markirt. Indessen hat sich diese Zersetzung im vorliegenden Bruchstück nur in sehr geringem Maasse vollzogen, zumal im Querschnitt des Holzes nirgends ein Schwinden der Substanz zu beobachten ist. Dennoch können sehr wohl andere Partieen dieses Holzes, von welchen mir keine Dünnschliffe zur Untersuchung vorlagen, von dem Parasiten stärker angegriffen worden sein; hierauf deutet auch die rauhe, höckerige Beschaffenheit der einen Spaltungsfläche des Handstückes hin.

Ferner hat auf das vorliegende Holz eine ähnliche mechanische Einwirkung von aussen stattgefunden, wie auf das oben erwähnte Wurzelholz von Kivik. Man sieht einzelne Gruppen von Zellen, deren tangentiale und auch radiale Wände in der Mitte ihrer gemeinsamen Berührungsfläche weniger oder mehr auseinander gewichen sind und nach innen Falten gebildet haben. Das auf solche Weise entstandene mikroskopische Bild erinnert völlig an dasjenige aus dem Kiviker Holz (Taf. IX, Fig. 4), weshalb ich davon auch keine besondere Darstellung liefere. Wenn man nun annimmt, wie ich dort erörtert habe, dass diese Abweichung durch einen in der Längsrichtung des Holzes ausgeübten Druck herbeigeführt ist, finden sich in dem horizontalen Dünnschliff anderseits auch noch Spuren einer seitlichen Quetschung vor. An mehreren Stellen bemerkt man nämlich eine nachträglich im fertigen Holz erfolgte Ablenkung der Markstrahlen und eine damit in Zusammenhang stehende Verschiebung der Tracheïden, ausserdem sieht man hier einzelne Lücken, die durch Zerreissen des Gewebes entstanden sind. Die obige Faltenbildung tritt gewöhnlich in Regionen auf, die von dieser seitlichen Quetschung garnicht berührt werden, jedoch findet sie sich bisweilen auch in der Nähe und im Bereich dieser selbst vor. Meines Erachtens sind diese beiden Erscheinungen die Effekte zweier zeitlich verschiedener Kräfte, und zwar einmal eines Druckes von oben und ferner eines Druckes von der Seite.

Die petrificirende Masse besteht aus amorpher und krystallinischer Kieselsäure; ausserdem ist Eisenoxydhydrat in das Holz eingedrungen, wie schon oben erwähnt wurde.

Schliesslich möge noch darauf hingewiesen werden, dass dieses Wurzelholz von Cimbrishamn eine grosse Ähnlichkeit mit jenem von Kivik besitzt. Diese bezieht sich nicht allein auf das Aussehen, auf den inneren Bau und auf die Versteinerungsart, sondern vielmehr auf die Zersetzungserscheinung im lebenden Baum und auf die nachträglichen Störungen im Holzkörper. Diese beiden Hölzer können weder an den Handstücken, noch an den Dünnschliffen von einander unterschieden werden und müssen daher für völlig ident erklärt werden. Angesichts dieser Thatsache und angesichts der weiteren Thatsache, dass in Schweden überhaupt nur sehr wenige verkieselte Geschiebehölzer vorkommen, darf man wohl die Frage aufwerfen, ob etwa beide Stücke individuell zusammengehören. Eine Lösung dieser Frage, welche übrigens kaum von Wichtigkeit ist, lässt sich schwerlich herbeiführen, zumal das zweite Holz von Cimbrishamn aus einer alten Sammlung in die Phytopalaeontologische Abtheilung des Naturhistorischen Reichsmuseums gelangt ist. Uebrigens sind die für beide Hölzer angegebenen Fundorte: Kivik und Cimbrishamn nicht weit von einander entfernt.

10.

Cupressinoxylon von Hörte.

Taf. IX, Fig. 9 u. 10.

Sammlung des Geologischen Museums der Universität Lund.

Dieses Stück ist unweit Hörte, im Westen von Ystad, im Jahre 1880 von Herrn Studiosus Hjalmar Möller gesammelt worden. Dasselbe hat sich parallel den Jahresringen abgelöst und lässt noch die Rundung des Stämmchens bzw. des älteren Astes, welchem es einst angehört hat, erkennen. Es misst in verticaler und in tangentialer Ausdehnung wenig mehr als 5 cm und in radialer etwa 1,5 cm. Aus der Abrundung seiner

Ecken und Kanten kann man folgern, dass es durch einige Zeit im Wasser gewesen und in demselben hin- und hergerollt ist. Das fossile Holz besitzt im Innern durchweg eine dunkelbraune und an der Oberfläche eine hellgraue Färbung; letztere ist wohl darauf zurückzuführen, dass infolge späteren Liegens des Holzes an der Luft die peripherischen Zellschichten gebleicht sind. Dasselbe ist übrigens nachträglich zweimal in radialer Richtung gebrochen, liegt also jetzt in drei Bruchstücken vor.

An dem verkieselten Holze traten schon makroskopisch einzelne breite Jahresringe mehr oder weniger deutlich hervor, und durch die Ansicht des horizontalen Dünnschliffes wird bestätigt, dass die Jahresringe in der That sehr breit sind. Gleichzeitig erfährt man aber, dass das Holz im frischen Zustande eine erhebliche Quetschung erlitten hat, in Folge deren ganze Schichten, welche zum Theil Jahresringen entsprechen, seitlich verschoben und die Markstrahlen auf weite Strecken wellenförmig verbogen sind. Unter diesen Umständen können die folgenden Angaben für die Breite der Jahresringe in Millimetern, welche längs den Markstrahlen entnommen sind, nur Anspruch auf Näherungswerthe erheben; immerhin ergiebt sich hieraus die grosse Breite der Jahresringe.

Jahresringe.	Breite in Zellen.	Breite in Millim.
» » 1	--	
» » 2	150	1,842
» » 3	135	5,818
» » 4	90	5,188
» » 5	120	4,218
» » 6	--	--

In Folge der nachträglichen Verschiebungen im Holzkörper hat in den meisten Fällen auch der Querschnitt der Tracheïden eine Abänderung erfahren. Daher ist es nicht möglich die Frage zu entscheiden, wieviele und welche Schichten den Jahresring zusammensetzen; indessen scheint es wahrscheinlich, dass wir es hier mit einem Stamm- oder älteren Astholz zu thun haben. Die mittlere Breite der tangentialen Wand der Sommerholztracheïden beträgt 35,4 μ, und zwar konnten im Einzelnen folgende Maasse festgestellt werden.

Jahresringe.	Breite der Tracheïden.
» » 1	31,8 μ
» » 2	35,4 μ
» » 3	36,5 μ
» » 4	36,1 μ
» » 5	35,1 μ
» » 6	—

Als weitere Folge jener Verschiebungen macht sich der Uebelstand geltend, dass man nicht in der Lage ist, einen regelrechten Radialschliff durch das Holz zu legen; denn durch die radial orientirten Schnitte werden immer nur kleinere Partieen wirklich radial getroffen, während man im Uebrigen schiefe Ansichten erhält. Aus diesem Grunde können manche Einzelheiten hier nicht so genau angegeben werden, wie es wünschenswerth wäre.

Die *Tracheïden* sind auf ihren radialen Wänden mit rundlichen behöften Tüpfeln bekleidet, welche meist kleine gleichmässige Abstände zwischen sich lassend, in einer, seltener in zwei Längsreihen angeordnet sind. Die Höhe der Tüpfel schwankt zwischen 8,3 und 11,6 μ und beträgt im Mittel 9,8 μ. Im Profil gesehen, also auf dem Tangentialschliff, treten diese Tüpfel nach beiden Seiten stark gewölbt hervor; eine Erscheinung, welche noch deutlicher in dem fossilen Holz aus Möllersholm vorkommt und von diesem auch abgebildet ist (Taf. X, Fig. 7 c). Ob die tangential verlaufende Wand der Tracheïden gleichfalls mit Tüpfeln besetzt ist, vermag ich nicht zu entscheiden; man sieht zwar im Tangentialschliff bisweilen Hoftüpfel en face, indessen ist es unter Berücksichtigung der vorerwähnten Verbiegungen des Gewebes sehr wohl möglich, dass jene einer angelegten Radialwand angehören.

Holzparenchym tritt häufig in tangentialen Zonen auf und besteht aus langgestreckten Zellen, deren Seitenwände gewöhnlich nicht ausgebaucht sind. Im Innern bemerkt man einen, oft kugelig zusammengeballten, braunen Inhalt, der anscheinend Harz vorstellt.

Die *Markstrahlen* sind durchweg einschichtig und bestehen aus 1 bis 21, gewöhnlich aus 5 bis 6 Stockwerken; sie erreichen dabei eine Höhe von 0,03 bis 0,429 mm, im Mittel 0,179 bis 0,355 mm. Die einzelnen Zellen des Strahlenparenchyms sind 15,2 bis 28,5, durchschnittlich 20,1 μ hoch und führen häufig einen braunen, wahrscheinlich harzigen Inhalt, wie die Zellen des Holzparenchyms. In den Wänden der Strahlenzellen habe ich eine Tüpfelung nicht wahrnehmen können. Was die Dichtigkeit der Markstrahlen betrifft, so kommen 33 bis 43, im Durchschnitt etwa 38, auf 1 qmm Tangentialfläche. Durch die Quetschung, welche das todte, aber noch nicht petrificirte Holz erfahren hat, ist auch der Zellverband in den Markstrahlen nicht selten gestört worden; an vielen Stellen des Tangentialschliffes durchsetzt ein vertikaler Riss den Strahl der ganzen Höhe nach.

Was den *Zustand* des Holzes vor seiner Verkieselung anlangt, so war es damals in hohem Grade von parasitischen Pilzen angegriffen. Hier und da findet man noch wohlerhaltene Hyphen verschiedener Stärke (Taf. IX, Fig. 9, 10), und die nähere Untersuchung lehrt, dass die feineren Fäden als Seitenzweige zu den dickeren gehören, theilweise auch zusammengetrocknet sind. Das Mycelium ist also verzweigt, und zwar gehen die dünnen Ästchen unter einem rechten oder spitzen Winkel ab und durchbohren horizontal die Wand der Tracheïden; bei Anwendung starker Vergrösserungen kann man noch diese kleinen Bohrlöcher erkennen. Die Hyphen sind septirt und mit Schnallen versehen, die trotz ihrer Kleinheit gleichfalls an einigen Stellen unterschieden werden können. Ursprünglich war das Mycelium wahrscheinlich hyalin und in dünngeschliffenen Partien der Präparate erscheint es gegenwärtig hellgrau, während es an anderen Stellen einen hellbraunen Ton angenommen hat. Die Wirksamkeit der Pilze hat fast überall ein Schwinden der Substanz veranlasst, welches sich vornehmlich in der secundären Wandung der Sommer-Tracheïden durch Entstehen schräge aufsteigender, paralleler Spalten bemerkbar macht; diese erstrecken sich etwa über den halben Umfang der Zelle. Häufig nehmen die Spalten von einem Bohrloch oder von einem Porus ihren Anfang, jedoch bilden sich auch viele unabhängig von diesen aus. Die Thätigkeit der Pilze hat weiter zur Folge gehabt, dass die primäre Wandung der Zellen aufgelöst und diese selbst dadurch isolirt wurden (Taf. IX, Fig. 9). Diese Zersetzungserscheinung, welche in diesem fossilen Holz vorzüglich ausgebildet und conservirt ist, erinnert wiederum an diejenigen Bilder, welche Schnitte durch das von Polyporus mollis Fr. befallene Kiefernholz der Gegenwart liefern.

11.

Cupressinoxylon von Espö.

Phytopalaeontologische Abtheilung des Naturhistorischen Reichsmuseums in Stockholm.

Nachdem ich bereits die vorliegende Arbeit abgeschlossen und der Königl. Academie der Wissenschaften eingereicht hatte,[1] übergab Herr Professor Dr. NATHORST mir bei seiner Anwesenheit in Danzig im Juli ds. Js. ein verkieseltes Geschiebeholz aus Espö, etwas nördlich von Ö. Torp. Die zugehörige Etikette ist von ANGELIN'S Hand geschrieben, und hieraus geht hervor, dass dasselbe aus der alten Sammlung in Stockholm stammt.

Das Stück hat sich in der Richtung der Markstrahlen und der Jahresringe aus dem Holzkörper abgelöst und entbehrt sowohl der Rinde als des Markes; es ist mit ziemlich geraden Endflächen versehen und an den Kanten wenig oder garnicht abgerieben. Die Länge beträgt 11 cm, die radiale Stärke 1,5 und die tangentiale 2,4 cm. Das Innere ist dunkelbraun, die Oberfläche dagegen durchweg gebleicht. Die Consistenz ist fest und die Erhaltung im Allgemeinen vorzüglich.

An den Endflächen des Handstückes kann man schon mit unbewaffnetem Auge die Jahresringe unterscheiden. Die mikroskopische Untersuchung lehrt, dass sie, abgesehen von der Neigung zur Bildung von Doppelringen — worauf wir noch später zurückkommen — normal gebaut und im lebenden Baum regelmässig verlaufen sind. Das todte Holz ist später in verschiedenen Richtungen gequetscht worden, wodurch das mikroskopische Bild leider mehrfache Störungen erlitten hat. Die Jahresringe sind stets breiter als 1 mm, und im Einzelnen ergeben sich für dieselben folgende Maasse:

[1] Die Beschreibung des Geschiebeholzes von Espö konnte nachträglich hier eingefügt werden, weil der Druck vorliegender Arbeit noch nicht vollendet war.

Jahresringe	Breite in Zellen	Breite in Millim.
» 1 » 1	—	.
» » 2	48	1,261
» » 3	48	1,250
» » 4	50	1,200
» » 5	47	1,210
» » 6	45	1,200
» » 7	50	1,210
» » 8	55	1,213
» » 9	41	1,211
» » 10	37	1,119
» » 11	35	1,063
» » 12	> 95	> 0,950

Die Tracheïden sind gerade, langgestreckt und an den Enden unregelmässig gekrümmt, wie an verschiedenen Stellen der Dünnschliffe deutlich zu sehen ist. Die Wandstärke ist nahezu überall die normale. Die tangentiale Breite der Zellen wechselt zwischen 34,8 bis 40,3 μ und beträgt im Mittel 37,3 μ.

Jahresringe	Breite der Tracheïden.
» » 1	34,8 »
» » 2	34,8 »
» » 3	36,5 »
» » 4	37,3 »
» » 5	37,3 »
» » 6	38,0 »
» » 7	39,6 »
» » 8	36,8 »
» » 9	36,8 »
» » 10	39,1 »
» » 11	40,3 »
» » 12	—

Aus vorstehender Tabelle ist ersichtlich, dass im Allgemeinen die tangentiale Breite der Tracheïden von innen nach aussen zunimmt. Die Tracheïden sind auf ihren radialen Wänden mit behöften Tüpfeln versehen, die gewöhnlich nicht einen kreisrunden, sondern einen vertical zusammengedrückten Contur zeigen. Im Frühjahrsholz stehen oft zwei nebeneinander, wobei es nicht selten vorkommt, dass sie sich gegenseitig berühren und abplatten; sie werden bisweilen noch von einem gemeinsamen Hof umgeben, wie es auch in anderen Hölzern beobachtet ist. Die Tüpfelhöhe beträgt im Minimum 9 μ, im Maximum 16,8 μ und im Mittel 13,9 μ. Auch auf den tangentialen Wänden sind zahlreiche kleinere Hoftüpfel sichtbar, welche in ungleichen Abständen in der Mittellinie stehen.

Das *Holzparenchym* tritt häufig auf. Die Parenchymzellen sind im Längsschnitt bald langgestreckt cylindrisch, bald kurz und tonnenförmig ausgebaucht.

Die *Markstrahlen* sind überall einschichtig und aus 1 bis 19, gewöhnlich aus 5 bis 7 Stockwerken zusammengesetzt; dementsprechend beträgt die Höhe der Strahlen 0,03 bis 0,10, gewöhnlich 0,12 bis 0,17 mm. Was ihre Vertheilung anlangt, so liegen 22 bis 30, im Durchschnitt 26 bis 27 in 1 qmm Tangentialfläche. Die radialen Wände sind mit breitelliptischen, zuweilen etwas schräge gestellten, einfachen Tüpfeln bedeckt, welche zu 1 bis 2, in einer oder in zwei Reihen übereinander, stehen. Die Parenchymzellen der Strahlen sind 13,5 bis 28,6, im Mittel 18,9 μ hoch.

Nach der vorstehenden Schilderung des allgemeinen Baues des Holzes von Espö, erübrigt noch, einige Bemerkungen über solche Vorgänge anzuschliessen, welche sich theils am grünen Baum, theils am todten Holz abgespielt haben. Zunächst ist hier hervorzuheben, dass sich in dem vorliegenden Stück die Neigung zur Bildung von Doppelringen geltend macht. In mehreren Jahresringen (n + 4, n + 9, n + 11) ist diese Anomalie angedeutet, und in dem Ring n + 5 ist dieselbe sehr deutlich ausgeprägt. Ich habe schon früher, gelegentlich der Beschreibung des Holzes von Ebbarp (vgl. S. 49 u. 50) darauf hingewiesen, dass die fragliche Erscheinung gewöhnlich auf eine vorausgegangene Entlaubung des Individuums während der Vegetationsperiode zurückzuführen ist. Es mögen also zu jener Zeit und in jener Gegend, in welcher der qu. Cypressen-ähnliche Baum lebte, wiederholt nachtheilige Einwirkungen auf denselben, wie z. B. Insectenfrass oder Dürre, stattgefunden haben, in Folge wovon er sein Laub mitten im Sommer gänzlich oder theilweise verloren hat.

Parasiten und Saprophyten habe ich nicht auffinden können, jedoch ist an vereinzelten Stellen eine spiralige Zersetzung der Zellwand bemerkbar.

Wie schon oben erwähnt, hat das Stück vor der Petrificirung *Quetschungen* erfahren. In einigen Gegenden des horizontalen Schliffes sind durch Druck von oben die Wände benachbarter Tracheïden wenig auseinandergewichen und haben in das Lumen der Zelle hinein Falten gebildet. Dieselbe Erscheinung ist schon oben aus den Geschiebehölzern von Kivik c., Svinaberga, Grethusanmölla und Cimbrishamn beschrieben und theilweise abgebildet worden (Taf. IX. Fig. 5—8), weshalb ich hier nicht näher darauf einzugehen genöthigt bin. Ausserdem ist das gedachte Stück auch seitlich gequetscht worden, in Folge dessen in sämmtlichen Ringen die Frühjahrszone nach einer Seite verschoben ist; das festere Sommerholz hat fast durchweg Widerstand geleistet. Durch diese mechanische Einwirkung ist auch hier und da ein Zerreissen eingetreten, und hierdurch sind wiederum kleinere Lücken entstanden.

Endlich lässt sich an diesem Holz auch eine *Trockenerscheinung* wahrnehmen, welche darin besteht, dass die secundäre Zellwand, welche sich von der primären Wand abgehoben hat, nachträglich zusammengeschrumpft ist und sich auf mannigfache Weise in Falten gelegt hat. Dies tritt besonders in dem Jahresring n + 3 deutlich hervor. Dieselbe Erscheinung ist bereits oben aus dem Holz der Pinus Nathorsti beschrieben und abgebildet worden (vgl. S. 22, Taf. VII, Fig. 4).

12.

Rhizocupressinoxylon aus dem südlichen Schonen.

Taf. X, Fig. 1—3.

Sammlung des Schulmuseums in Malmö.

Der Fundort dieses, ohne Angabe versehenen, fossilen Holzes ist nicht mehr festzustellen. Da es aber zusammen mit diversen Feuersteinen und prähistorischen Bronzegeräthen von einer in Espö unweit Trelleborg ansässigen Persönlichkeit herrührt, wird man in der Annahme, dass es im südlichen Schweden gefunden wurde, kaum fehlgehen.

Das vorliegende Fossil ist ein radiales Spaltungsstück, dessen eine radiale Seitenfläche nahezu plan verläuft, während die andere, ebenso wie die beiden Endflächen, stark abgerundet ist. Seine Länge misst 22 cm, sein radialer Durchmesser bis 6,5 und sein tangentialer bis 3,5 cm. Die Consistenz ist durchweg fest, die Farbe im Innern schwärzlichbraun, mit einem Stich ins Bläuliche, und peripherisch gelblichgrau. Hiernach scheint das in Rede stehende Stück von einem grösseren Rollholz, welches später gespalten ist, abzustammen und nachträglich an der Luft gebleicht zu sein.

Die mikroskopische Betrachtung ergiebt eine gute Erhaltung der Holzstructur, welche übrigens in den dunkleren Theilen der Schliffe deutlicher, als in den helleren hervortritt. Nur hier und da, wo sich die Kieselsäure im Innern der Zellen krystallinisch abgeschieden hat, leidet hierunter die Deutlichkeit des Bildes. Die Jahresringe, welche an der einen Endfläche auch makroskopisch zu erkennen sind, zeigen mikroskopisch einen nicht ganz regelmässigen Verlauf und eine wechselnde Breite; sie sind eng bis sehr eng und bestehen zuweilen nur aus sechs Zellreihen, von denen 4 bis 5 auf die innere und 2 bis 1 auf die äussere Schicht kommen. Die mittlere Schicht fehlt fast überall, und daher herrscht im ganzen Querschnitt die rechteckige Zellform. Dieser Umstand beweist, dass wir es hier mit einem *Wurzelholz* zu thun haben. Nachstehend mögen die Maase für die Breite der Jahresringe mitgetheilt werden; hierbei ist noch zu bemerken, dass der erste conservirte unvollständig, der siebente undeutlich und der 24. nachträglich verdrückt ist.

Jahresringe	Breite in Zellen	Breite in Millim.	Jahresringe	Breite in Zellen	Breite in Millim.	Jahresringe	Breite in Zellen	Breite in Millim.
» » 1	—		» » 12	13	0,435	» » 23	6	0,171
» » 2	11	0,210	» » 13	17	0,500	» » 24	11	0,344
» » 3	16	0,540	» » 14	8	0,344	» » 25	12	0,413
» » 4	15	0,405	» » 15	6	0,296	» » 26	15	0,474
» » 5	20	0,603	» » 16	15	0,400	» » 27	16	0,484
» » 6	13	0,505	» » 17	14	0,354	» » 28	15	0,419
» » 7	10	0,300	» » 18	13	0,433	» » 29	10	0,333
» » 8	11	0,335	» » 19	19	0,643	» » 30	18	0,467
» » 9	9	0,290	» » 20	12	0,510	» » 31	13	0,490
» » 10	16	0,335	» » 21	16	0,510	» » 32	17	0,540
» » 11	8	0,312	» » 22	17	0,313	» » 33	10	0,540

Die *Tracheïden* besitzen überall ihre ursprüngliche Wandstärke und nirgends nimmt man wahr, dass diese in Folge fremdartiger Einflüsse verringert ist. Die tangentiale Breite der Zellen ist im Mittel 37,3 μ, im Einzelnen wie folgt:

Jahresringe	Breite der Tracheïden	Jahresringe	Breite der Tracheïden	Jahres-ringe	Breite der Tracheïden	Jahresringe	Breite der Tracheïden
» + 1	—	» + 10	38,9 »	» - 19	37,6 »	» + 28	41,8 μ
» + 2	28,9 »	» + 11	35,4 »	» + 20	38,8 »	» + 29	33,8 »
» + 3	33,4 »	» - 12	37,6 »	» + 21	41,9 »	» - 30	37,9 »
» + 4	33,4 »	» + 13	40,1 »	» + 22	33,4 »	» + 31	40,1 »
» + 5	34,0 »	» + 11	41,5 »	» + 23	38,6 »	» + 32	36,5 »
» + 6	33,4 »	» + 15	43,7 »	» + 24	40,3 »	» + 33	36,5 »
» + 7	33,1 »	» - 16	11,0 »	» + 25	39,1 »		
» + 8	37,1 »	» - 17	35,7 »	» + 26	37,6 »		
» + 9	41,4 »	» - 18	38,9 »	» + 27	34,4 μ		

Aus dieser Tabelle geht einmal hervor, dass die Tracheïden eine grössere Breite erreichen, als im Durchschnitt bei Cupressoceenhölzern, und dass überdies eine Gesetzmässigkeit in der Veränderlichkeit der Breite in der Folge von 32 Jahresringen nicht zu beobachten ist. Beide Erscheinungen stehen im Einklang mit der Wurzelnatur des Holzes.

Die radialen Wände der Tracheïden sind mit zwei oder mit einer Reihe von behöften *Tüpfeln* bekleidet, welche kreisrund oder in verticaler Richtung etwas zusammengedrückt sind; ihre Höhe beträgt daher zwischen 9,1 μ und 14,9 μ, im Mittel 12,6 μ. Wenn zwei Tüpfel nebeneinander liegen, platten sie sich bisweilen gegenseitig ab und sind noch mit einem gemeinsamen, zweiten Hof umgeben. Man kann sie nicht allein im radialen Schliff von oben, sondern auch tangential von der Seite (Taf. X, Fig. 3 c) vorzüglich erkennen. Die Hoftüpfel auf der tangentialen Wand (c') messen 9,1 μ bis 11,8 μ, im Mittel 10,1 μ; sie stehen in einer unterbrochenen Reihe oder ganz zerstreut.

Holzparenchym tritt häufig im Frühjahrs- und Sommerholz auf (Taf. X, Fig. 2 b), nicht selten in concentrischen Zonen. Die Seitenwände dieser Parenchymzellen sind bisweilen schwach nach aussen gebogen, sodass dann die ganze Zellreihe gegliedert erscheint, zumal wenn die Höhe der Zellen gering ist. Eigentliche Harzballen sind nicht zu sehen, nur hin und wieder liegt eine unförmliche braune Masse im Innern.

Die *Markstrahlen* sind gewöhnlich einschichtig, jedoch kommt es sehr häufig vor, dass einzelne Stockwerke zwei Zellreihen nebeneinander aufweisen (Taf. X, Fig. 2); und zwar geschieht es nicht allein in der Mitte der Markstrahle, sondern bisweilen gleichzeitig in seinem oberen und unteren Theile, während jene einschichtig bleibt. Die Höhe der Strahlen beträgt 1 bis 24 Zellen, oder 0,031 bis 0,888 mm, das beobachtete Mittel 7 bis 9 Zellen oder 0,24 bis 0,29 mm. Die Parenchymzellen, welche den Strahl zusammensetzen, sind auffallend gross und, tangential gesehen, meist breiter als hoch (Taf. X, Fig. 3); ihre Höhe beträgt 26,6 bis 47,3 μ, im Mittel 33,4 μ. Hieraus folgt, dass auch die Mark-

strahlen selbst auffallend breit sind, und der Augenschein lehrt, dass sie an einer angeschliffenen Fläche des Handstückes schon mit unbewaffnetem Auge wahrgenommen werden
können. Die Vertheilung der Markstrahlen in der Tangentialfläche ist dichter, als durch
die folgenden Zahlen ausgedrückt werden kann: es liegen 26 bis 33, durchschnittlich 29
in 1 qmm, jedoch muss hierbei ihre grössere Breite in Betracht gezogen werden. Die radialen
Wände der Strahlenzellen sind mit rundlichen oder länglichen, meist schräge gestellten
Tüpfeln versehen, die an wenigen Stellen des Schliffes deutlich hervortreten.

Was den *Zustand des Holzes* vor seiner Petrificirung betrifft, so bemerkt man zunächst im horizontalen Dünnschliff eine nachträgliche Verzerrung des Tracheiden-Gewebes.
Ferner sind die zarten Wände der Strahlenzellen hin und wieder verbogen und zusammen-
geknillt, wie man namentlich im Tangentialschliff wahrnehmen kann. Endlich tritt in
einzelnen Markstrahlen eine ähnliche Faltenbildung der Membran auf, wie wir sie in den
Tracheiden der Hölzer von Kivik u. a. kennen gelernt haben. In Taf. X, Fig. 3 ist ein
solcher Fall dargestellt, indem die beiden gegenüber liegenden Wände einer Strahlenzelle
verticale Falten (*f*) in das Lumen hinein gebildet haben, und ausserdem wölbt sich die
angrenzende Wand der unteren Zelle gleichfalls nach innen. Man könnte wohl zweifelhaft
sein, ob diese Erscheinung nachträglich im fertigen Holz hervorgerufen und mit jener
oben erwähnten identisch ist, oder ob es sich hier um eine im Cambium angelegte Leisten-
bildung handelt, wie sie sowohl bei Pinus silvestris L. als auch bei P. succinifera m. nachgewiesen ist. Da die in Rede stehenden Gebilde aber sehr vereinzelt in unserem Holz
vorkommen und überdies in ihrer Form variiren, halte ich sie für Falten. Aus diesen
vorerwähnten Wahrnehmungen erhellt, dass das vorliegende Holz im frischen Zustande
nach verschiedenen Richtungen und wohl auch zu verschiedenen Zeiten örtlich gedrückt ist.

Ferner kann man in den horizontal verlaufenden Wänden der Strahlenzellen zarte
Sprünge oder auch grössere Risse beobachten, die sich meist radial erstrecken (Taf. X,
Fig. 1) und bisweilen auf die benachbarten Tracheiden übergehen. Dieses beruht, wie ich
unlängst an anderer Stelle[1] gezeigt habe, auf späterem Zusammentrocknen des Holzes,
während es längere Zeit an der Luft lag.

Von parasitischen Pilzen habe ich nur sehr vereinzelte, kleine Hyphenreste aufgefunden und sonst nirgends eine wesentliche Einwirkung auf das Holz wahrgenommen; daher
kann man dasselbe als annähernd gesund bezeichnen.

Das Stück ist in krystallinische Kieselsäure umgewandelt und hat noch vielfach seine
organische Färbung bewahrt.

---

[1] H. Conwentz, Monographie der baltischen Bernsteinbäume. Danzig 1890. S. 143. Taf. XIV, Fig. 2,
3, 4 u. a.

13.

Coniferenholz aus dem südlichen Schonen.

Sammlung des Schulmuseums in Malmö.

Dieses Stück ist ein Braunkohlenholz, welches von demselben Sammler herrührt, wie das vorstehende Kieselholz; man kann daher wohl annehmen, dass es sr. Zt. gleichfalls im südlichen Schonen aufgefunden wurde. Es ist flach zusammengedrückt und an der Oberfläche abgerieben. Aus der Orientirung eines Astansatzes geht hervor, dass es sich schalig in der Richtung der Jahresringe vom Holzkörper abgelöst hat; überdies sind an der einen Endfläche stellenweise enge Schichten markirt, welche in demselben Sinne verlaufen. Die verticale Ausdehnung des Stückes beträgt 12 bis 13 cm, die tangentiale 4,5 und die radiale 1 bis 1,5 cm. Was seine Consistenz anlangt, so kann es mit dem Messer nicht mehr geschnitten, sondern nur noch geschabt werden; es spaltet nicht splitterig, sondern besitzt einen muschligen Bruch mit schwärzlich glänzender Fläche.

Nach dem Äussern kann man nicht erwarten, dass die mikroskopische Betrachtung ein positives Ergebniss liefern werde, und in der That lehrt dieselbe, dass das Holz eine erhebliche Umwandlung erfahren hat, wodurch seine ursprüngliche Structur mehr oder weniger verloren ging. Die Schichtung, welche die eine Endfläche des Handstückes zeigt und welche man a priori auf Jahresringe zurückführen würde, lässt sich unter dem Mikroskop als hellere und dunklere Schattirung erkennen, die wohl durch die verschiedenen physikalischen Eigenschaften des Frühjahrs- und Sommerholzes hervorgerufen ist. Die Tracheïden, wie auch alle anderen Zellen, sind so stark comprimirt, dass ihre Lumina völlig verschwunden und die Conturen ihrer Wandungen nur selten sichtbar sind. Daher ist auch von den Hoftüpfeln gewöhnlich keine Spur bemerkbar, indessen kann man bei aufmerksamer Durchsicht der Längsschliffe bisweilen das tangentiale Bild derselben wahrnehmen.

Im horizontalen Dünnschliff heben sich von der nahezu gleichmässigen gelben Fläche viele einzelne rundliche braune Körper und ausserdem zahlreiche parallel verlaufende geschlängelte braune Schichten ab. Erstere stellen wahrscheinlich die Harzmassen der Holzparenchymzellen vor, welche selbst nicht mehr erhalten sind, im Uebrigen erscheinen jene im Längsschliff als langgezogene rechteckige braune Körper wieder, sodass an der Richtigkeit jener Deutung kaum zu zweifeln ist. Die andere Erscheinung betrifft die Markstrahlen, deren Zellen ja häufig einen braunen Inhalt führen; der eigenthümlich gekrümmte Verlauf ist der Ausdruck mechanischer Einwirkung, die sr. Zt. auf das frische Holz stattgefunden hat. Das Tangentialbild der Strahlen zeigt insoweit eine gute Erhaltung, als man an vielen Stellen erkennen kann, dass sie einschichtig und niedrig sind, während sie an anderen wiederum nur als dunklere schmal-linsenförmige Partieen hervortreten; die Anzahl der Stockwerke ist kaum festzustellen.

Angesichts dieser Erhaltung des Holzes ist mit Sicherheit nur soviel auszusagen, dass es einer Conifere zugehört. Aber in Erwägung der oben angeführten Einzelheiten

seines Baues und in fernerer Erwägung der Ähnlichkeit mit zahlreichen anderen, von mir
untersuchten Braunkohlenhölzern, halte ich es für sehr wahrscheinlich, dass es ein Cupressinoxylon ist.

14.

Coniferenholz aus Nordanå bei Burlöf.

Taf. X. Fig. 4.

Phytopalaeontologische Abtheilung des Naturhistorischen Reichsmuseums in Stockholm.

A. G. Nathorst fand 1871 in dem glacialen Süsswasserthon von Nordanå im Kirchspiel Burlöf zahlreiche Braunkohlenhölzer, welche dort natürlich secundär vorkommen, wie
er selbst in einer kleinen Notiz bemerkt.[1] Die mir übersandten Stücke waren seit jener
Zeit in einer schwachen Spirituslösung aufbewahrt, welche jene kaum wesentlich modi-
ficirt haben kann. Sie sind jetzt noch bräunlich bis schwärzlichbraun und im Innern tief
schwarz glänzend. Sie erreichen die Grösse einer Faust, und ihre Form ist kantig mit
geraden Endflächen, die Oberfläche mehr oder weniger abgerieben. Einige dünne Lamellen,
welche sich in der Richtung der Jahreslagen abgelöst haben, sind noch etwas biegsam
geblieben, während alle übrigen Stücke eine grosse Festigkeit und Schwere gewonnen
haben. Bisweilen sieht man, weniger in der horizontalen, als in der radialen Ansicht,
deutliche Wachsthumsschichten und an der feineren Querstreifung kann man hier und da
unter der Lupe auch Markstrahlen erkennen. Indessen beruht diese Erscheinung lediglich
auf einer Conservirung äusserer Formen, während im Innern, — wie schon der muschelige
Bruch beweist — jede Structur des Holzes fast gänzlich verloren gegangen ist. Daher
liefert auch die Untersuchung der Dünnschliffe ein nicht befriedigendes Resultat, und zur
Anfertigung von Schnitten waren selbst jene Stücke ungeeignet, welche noch eine gewisse
Geschmeidigkeit besitzen.

Im Horizontalschliff bemerkt man, dass die Zellwände gequollen und so stark zusammengedrückt sind, dass das Lumen mehr oder weniger verschwunden ist. Bei Herstellung des Präparates ist der Zellverband im Holz stellenweise gelockert, und es haben
sich viele radiale Risse gebildet, an deren Rändern man erkennen kann, dass sich die
Zellen meist völlig verbogen haben. Auf diese starke Compression dürfte zum grössten
Theile auch die Zunahme des Gewichtes der Hölzer zurückzuführen sein. Wo sich jene
in geringerem Grade vollzogen hat, kann man Gruppen von Tracheiden unterscheiden, die
eng an einander schliessen, und im Längsschnitt bemerkt man, dass deren radiale Wand
mit einer Reihe behöfter Tüpfel bekleidet ist. Ob ausserdem Holzparenchym und schizogene Intercellularen vorkommen, ist schlechterdings nicht zu entscheiden, zumal Harzballen
in dem gegenwärtigen Erhaltungszustande nicht sichtbar sind. Die Markstrahlen treten

---

[1] Öfversigt af Vetenskaps-Akademiens Förhandlingar. Stockholm 1872. N:o 2, pag. 127—128.

im Tangentialbilde gewöhnlich nur als sehr schmale verticale Schlitze hervor; nach der Form der letzteren und nach den zuweilen anhaftenden Zellenreihen zu urtheilen, scheinen sie einschichtig gebaut gewesen zu sein. Im Radialschliff bemerkt man hier und da rundliche Tüpfel auf der Wand der Strahlenzellen.

Die oben erwähnte Quellung äussert sich nicht nur in einer Verdickung der Membran, sondern auch in einem stärkeren Sichtbarwerden der spiraligen Streifung: im weiteren Verfolg hat sich die Wand sogar in manchen Fällen spiralig aufgelöst, wie es auf Taf. X, Fig. 4 zu sehen ist. Diese Erscheinung stimmt gut mit dem Bilde überein, welches man künstlich durch Zusatz von Schwefelsäure zu recenten Holzschnitten hervorrufen kann, und ich meine daher, dass auf der Lagerstätte freie Schwefelsäure auf jene Stücke eingewirkt hat. Mit dieser Annahme steht im Einklang das Vorhandensein von Markasit in mehreren Braunkohlenhölzern aus der Gegend von Nordana.

Was die Bestimmung dieser Hölzer anlangt, so kann man mit Gewissheit nur aussagen, dass sie Coniferen angehören; jedoch ist meines Erachtens vornehmlich zwischen den Collectiv-Gattungen Cupressinoxylon und Cedroxylon zu entscheiden, da Pinus durch die Form der Markstrahlen ausgeschlossen ist. Wenngleich Harz und Holzparenchym nicht sichtbar sind, ist immerhin die Möglichkeit vorhanden, dass Cypressen-ähnliche Hölzer vorliegen. Hinsichtlich ihres geologischen Alters wäre es vorweg allerdings denkbar, dass sie aus der praeglacialen Flora stammen, indessen spricht die ganze Erscheinungsweise der Hölzer mehr für ein tertiäres Alter, und es ist deshalb wohl möglich, dass in der Nähe anstehende Braunkohlenlager aufgefunden werden können.

15.

Cupressinoxylon von Möllersholm.

Taf. X, Fig. 5—8.

Sammlung des Geologischen Museums der Universität Lund.

Dieses Kieselholz ist erbsengelb, bräunlich gefleckt, und von fester Beschaffenheit. Laut Etikette wurde es im Jahre 1839 von S. NILSSON im Diluvium bei Möllersholm in Schonen gesammelt.[1] Herr Professor B. LUNDGREN hatte die Güte, zur Untersuchung ein Spaltungsstück von 13 cm Länge, 2,5 cm radialem und 1 cm tangentialem Durchmesser mir zu übergeben. Hiervon liess ich Dünnschliffe anfertigen, welchen die nachfolgenden Angaben entnommen sind, und einverleibte den Rest dem meiner Verwaltung unterstellten Westpreussischen Provinzial-Museum.

Nach dem mikroskopischen Befunde ist die Erhaltung des fossilen Holzes im Allgemeinen gut. Die *Jahresringe*, welche zum grössten Theile schon mit blossem Auge un-

---

[1] Die Lage dieses Ortes, dessen Namen von NILSSON selbst geschrieben ist, konnte bisher nicht ermittelt werden.

terschieden werden können, besitzen eine sehr wechselnde Breite, wie aus der folgenden Tabelle hervorgeht.

Jahresringe	Breite in Zellen	Breite in Millim.
» » 1	116	4,324
» » 2	64	2,387
» » 3	45	1,707
» » 4	52	1,923
» » 5	16	0,554
» » 6	38	1,438
» » 7	29	0,948
» » 8	48	1,668
» » 9	27	0,953
» » 10	45	1,504
» » 11	48	1,709

Wennschon der erste Jahresring erheblich breiter als alle anderen ist, muss noch bemerkt werden, dass derselbe im Präparat nicht vollständig erhalten, also in Wirklichkeit noch breiter ist. Die äussere Schicht der Jahresringe besteht aus wenigen Reihen stark verdickter Tracheïden, welche im Querschnitt rechteckig und radial verkürzt sind. In den weiten Jahresringen herrscht die innere Schicht vor, welche aus weniger dickwandigen, rechteckigen, aber radial gedehnten Tracheïden gebildet wird, während die aus polygonalen Tracheïden zusammengesetzte, mittlere Schicht mehr oder weniger zurücktritt. Daher kann man annehmen, dass hier das Holz eines Stammes oder eines älteren Astes vorliegt.

Die *Tracheïden* schliessen eng aneinander, nur hier und da kleine Intercellularen von dreiseitigem Querschnitt zwischen sich lassend. Die tangentiale Breite ist veränderlich, ohne dass man eine Zunahme nach aussen in dem vorhandenen kleinen Querschnitt wahrnehmen könnte; sie beträgt im Mittel 39 μ.

Jahresringe	Breite der Tracheïden
» » 1	29,4 μ
» » 2	35,8 μ
» » 3	24,0 μ
» » 4	39,1 μ
» » 5	36,1 μ
» » 6	47,8 μ
» » 7	38,8 μ
» » 8	35,8 μ
» » 9	40,2 μ
» » 10	39,8 μ
» » 11	41,8 μ

Die Tracheïden besitzen im Allgemeinen noch die ursprüngliche Wandstärke, nur hin und wieder sind sie von parasitischen Pilzen angegriffen, wovon weiter unten die Rede sein wird. Die radialen Wände der Tracheïden sind mit Hoftüpfeln bekleidet, welche auf den schmäleren Wänden in einer und auf den breiteren in zwei Längsreihen stehen; nach den Endigungen der Zellen hin treten sie in dichter Anordnung auf (Taf. X, Fig. 5). Die Höhe dieser radialen Tüpfel wechselt zwischen 11,6 μ und 15,6 μ; die Durchschnittshöhe beträgt 13,6 μ. Hervorzuheben ist der Umstand, dass die Tüpfel in der Profilansicht, d. h. also tangential gesehen, nach beiden Seiten stark gewölbt sind (Taf. X, Fig. 7). Ich habe dieselbe Erscheinung auch sonst bisweilen in verkieselten Hölzern angetroffen, z. B. kürzlich in einem, dem Museum zu Neubrandenburg gehörigen, Geschiebeholz vom Levetzower Felde bei Teterow in Mecklenburg. Dasselbe ist gleichfalls ein Cupressinoxylon und zeigt überdies eine ähnliche Zersetzungserscheinung, wie das hier vorliegende Holz aus Möllerstorm. Der Tangentialschliff des letzteren, welcher nur zum geringen Theile durch Sommerholz geht, enthält auch einige, erheblich kleinere Hoftüpfel auf der tangentialen Wand der Tracheïden (Taf. X, Fig. 7 c). Die dickwandigen Sommertracheïden weisen an mehreren Stellen eine deutliche Spiralstreifung auf.

Holzparenchym kommt häufig im Frühjahrs- und im Sommerholz vor (Taf. X, Fig. 8 b); gewöhnlich liegt es zerstreut, bisweilen in tangentialen Zonen angeordnet. Die Parenchymzellen verlaufen vertical gerade und sind schwach ausgebaucht, nicht selten kurz gegliedert; daher entstehen oft Intercellularen zwischen diesen und den benachbarten Holzzellen. Man erkennt das Parenchym schon im horizontalen Dünnschliff, zumal es dünnwandig ist und meistens auch einen harzigen Inhalt besitzt.

Die *Markstrahlen* sind einschichtig gebaut (Taf. X, Fig. 7, 8 b), nur in seltenen Fällen kommt es vor, dass die mittleren Stockwerke hoher Strahlen zweischichtig sind. Sie besitzen eine Höhe bis zu 37 Etagen oder 0,80 mm; im Durchschnitt sind sie aber nur 8 bis 10 Zellen oder 0,16 bis 0,22 mm hoch. Das Strahlenparenchym erscheint im Radialschliff rechteckig langgestreckt (Taf. X, Fig. 5 b); die Höhe dieser Zellen, in einschichtigen Markstrahlen gemessen, beträgt 15,7 bis 26,4 μ, durchschnittlich 20,8 μ. Eine Tüpfelung konnte ich weder auf der radialen, noch auf anderen Wandungen erkennen. Im Innern dieser Zellen findet sich gewöhnlich ein rothbräunlicher Inhalt, welcher entweder das ganze Lumen erfüllt oder sich von den Wandungen gleichmässig zurückgezogen oder auch zu kleineren Massen zusammengeballt hat. Ich halte dafür, dass dieser Inhalt zum Theil bituminöser Natur, zum Theil aber auf nachträgliche anorganische Beimengungen zurückzuführen ist. Was die Dichtigkeit der Markstrahlen anlangt, so kommen 23 bis 32, im Mittel 28 auf 1 qmm Tangentialfläche.

Das vorliegende Stück zeigt, bei Betrachtung mit blossem Auge, auf den radialen Spaltungsflächen und auch an den tangentialen Seiten zahlreiche ausgefressene Längsfurchen, welche darauf hindeuten, dass es bereits von Pilzen angegriffen war, ehe es petrificirt wurde. Unter dem Mikroskop findet man, ausser ähnlichen kleineren Löchern, auch Spuren des Mycels selbst (Taf. X, Fig. 6), welches aus dünnen, septirten, verzweigten, hyalinen Fäden besteht. Dieselben verlaufen vornehmlich in der verticalen, bisweilen auch horizontalen Richtung, wobei sie die Seitenwand der Tracheïden durchbohren. Durch die Thätigkeit der Parasiten ist local ein Schwinden der Substanz bewirkt, was durch zahllose schräge aufsteigende, parallele Spalten in der secundären Wand der Tracheïden zum Ausdruck gelangt; zufolge späteren Eindringens von Luft, erscheinen diese Spalten im Präparate häufig grau (Taf. X, Fig. 8). Wie ich schon oben bei dem Geschiebeholz von Grefänadamölla bemerkt habe, ist diese Zersetzungserscheinung ähnlich derjenigen, welche im Holze lebender Kiefern durch Polyporus mollis Fr. hervorgerufen wird.

16.

Palmacites Filigranum Stenz.[*] nov. spec. von Jonstorps Täppeshus.

Taf. V, Fig. 6. — Taf. XI, Fig. 1—12.

Parenchyma medullare continuum e cellulis tenerrimis compressis v. irregularibus compositum. Fasciculi vasculares aequaliter per parenchyma dispersi, approximati parvi flexuosi teretiusculi, liber e cellulis pachytichis compositus corpus lignosum minimum levi sinu excipiens. Vasa parva. Fasciculi sclerenchymatici numerosissimi tenues vel tenuissimi.

Sammlung des Geologischen Museums der Universität Lund.

Das vorliegende Stück ist ein verkieseltes Rollholz von rundlichem Querschnitt, das sich nach beiden Enden hin stark verjüngt. Seine Länge beträgt 13 cm und seine grösste Stärke 7 cm. Es fand sich in einer Mergelgrube bei Jonstorps Täppeshus südöstlich von Kullen in Schonen und wurde von dem Verwalter Herrn Johannes Jönsson Gräs an das Geologische Museum der Universität Lund geschenkt. Das Stück besitzt einen dunkelbraunen Kern, welcher nach aussen von einer 0,5 cm dicken erbsengrauen Schicht umgeben wird; dieser Umstand beweist, dass es durch längere Zeit zu Tage gelegen und hier unter dem Einfluss der Atmosphaerilien in den peripherischen Theilen gebleicht ist.

Um die Mitte, wo die hellgraue Oberfläche der Stammaxe parallel läuft, ziehen sich auf ihr, makroskopisch deutlich hervortretend, zahlreiche Leitbündel als dünne, flach hin und her gebogene Fäden herab; hier und da kann man zwischen ihnen haardünne Fäden, jedenfalls einige der dickeren unter den zahlreichen Sklerenchymbündeln, erkennen. Dabei zeigt sich aber eine auffallende Verschiedenheit. An der nach der Rinde hin gewendeten Aussenfläche (Fig. 1, a—a'; Fig. 3) treten zwischen den hier auseinander weichenden Langsbündeln in bestimmten Zwischenräumen nach den Blättern gehende Bündel (lb) heraus, ziemlich deutlich in steil nach links und viel weniger steil nach rechts aufsteigende Spiralen geordnet. Auf der radialen Fläche dagegen (Fig. 2) sieht man diese Bündel theils noch schief nach aussen aufsteigend, theils fast wagerecht nach aussen abliegend die Langsbündel kreuzen.

---

[*] Die Beschreibung dieses Stückes überliess ich auf Wunsch dem Herrn Prof. Dr. Stenzel in Breslau, welcher eine umfassende Untersuchung der fossilen Palmenhölzer überhaupt in Angriff genommen hat. Daher ist er auch der Autor des Textes von S. 83 bis S. 87 und der Abbildungen auf Taf. XI.

Erinnert schon der hier und da flach gelegene Verlauf der schlaffen, dünnen Leitbündel auf der Aussenfläche an die von Mohl als kokosartige bezeichnete Form der Palmenstämme, so wird dies durch den inneren Bau bestätigt. Der kleine Querschnitt vom unteren Ende (Fig. 1) enthält zwar ebenso wenig wie das übrige Stück etwas von der Rinde noch von der unter dieser liegenden äussersten Holzlage; auch ist die Mitte an der hohlen Seite des Stückes (bei i) herausgebrochen; doch lässt sich daraus, dass die Bastkörper der Leitbündel an der linken Seite des Querschnitts nicht unerheblich nach links, die der rechten nach rechts gewendet sind, schliessen, dass die Mitte des Stammes nicht gar zu weit von der inneren Fläche des Stücks entfernt war, dass wir daher einen ganz erheblichen Theil des Stammes vor uns haben. In diesem sind nun die Leitbündel gleichmässig vertheilt (Fig. 4 und Fig. 4); ziemlich dicht gestellt, oft einander fast berührend, namentlich wo sie, vielfach der Fall ist, in flachen, nach aussen gewölbten Bogen neben einander stehen (Fig. 4 p, p'), selten um mehr als den eigenen Durchmesser von einander entfernt. So mag die Anordnung bis in die Mitte sich gleich geblieben sein, während gegen die Rinde hin wohl noch kleinere und noch dichter gedrängte Bündel einen äusseren Ring mögen gebildet haben. Auf unserem Querschnitte kommen etwa 140 Leitbündel auf 1 qcm, so dass zwischen ihnen für Sklerenchymbündel und Grundparenchym nicht viel mehr als ein Drittel des Raumes übrig bleibt, trotzdem die Leitbündel dünn genug sind. Durchschnittlich beträgt ihr mittlerer Durchmesser noch nicht ⅔ Millimeter; bei den kleinsten geht er bis auf ½ Millimeter herunter, bei anderen steigt er bis über 0,8 mm, indem bei länglichem Umriss und einer Breite von 0,50—0,65 mm die Länge (von innen nach aussen gemessen) bis auf 1 mm steigt.

Da der sehr kleine Holzkörper nicht aus dem Umriss des Leitbündels heraustritt, ist es eigentlich *dreirund*, wie bei anderen Arten geht aber der Umriss bald ins Rundlich-Nierenförmige, bald ins Rundlich-Eiförmige über. Erheblichere Abweichungen werden bei gedrängter Stellung durch gegenseitigen Druck bestimmt; da kommen länglich-eiförmige oder seitlich flach gedrückte Gestalten zu Stande, und wo einmal der flache Holzkörper nicht gerade nach innen, oder wie es durch Drehung des Bündels nicht selten geschieht, gerade nach aussen liegt, sondern seitlich-innen, kommen schief drei- und vierkantige Formen mit abgerundeten Kanten vor.

Das Leitbündel wird fast ganz von dem *Bastkörper* gebildet, zwischen dessen dickwandigen Sklerenchymzellen starke Intercellularräume liegen. Die vordere Grenze des Holzkörpers umzieht gewöhnlich ein flacher Bogen radial gestreckter Bastzellen, welche oft so stark verdickt sind, dass ihr Hohlraum nur einen schmalen Streifen bildet (Fig. 5 h—h'; 6 h). Dann folgen rundlich-vieleckige Zellen, von 0,03 mm mittlerem Durchmesser mit grösserem Lumen (von 0,01—0,03 mm), obgleich immer noch dicker Wand, einzelne noch grössere darunter, aber noch mehr kleinere und ganz kleine. Wo die Zellen schon durch Erweichung gelitten haben, weichen sie nicht nur aus einander, sondern ihre Wände sind auch mannigfach verbogen, hier und da auch wohl etwas eingedrückt.

An den inneren Bogen seitlich zusammengedrückter Bastzellen schliesst sich als der äusserste Theil des *Holzkörpers* ein ähnlicher Bogen von 2—4 Schichten sehr kleiner, vielkantiger Sklerenchymzellen mit winzigem Lumen an (Fig. 5 v; 6 v), von den kleinsten in den Bastkörper eingestreuten Zellen kaum zu unterscheiden und doch von den angrenzenden Zellen desselben scharf abgesetzt. Sie müssen als der vordere Theil einer *Sklerenchymscheide* betrachtet werden, welche zuweilen fast unverändert den kleinen Holzkörper rings umzieht, in der Regel aber seitlich und hinten durch ähnliche, aber blasser gefärbte und nur undeutlich erhaltene Sklerenchymzellen ersetzt wird.

In dem noch übrig bleibenden kleinen Raume ist vorn von einem *Siebtheil* nichts mehr zu erkennen und auch im *Gefässtheil* sind nur hier und da ein paar, von innen nach aussen ganz zusammengedrückte Gefässe zu unterscheiden (Fig. 5, 6 g). Auf schrägen Schnitten dagegen sind diese fast in jedem Leitbündel aufzufinden, indem hier die netzförmig verdickten Längswände zum Theil sichtbar werden. Eigentlich sind diese mit treppenförmigen Querspalten gezeichnet; da die Gefässe aber nirgends mit breiten Flächen an einander zu liegen scheinen, sondern wahrscheinlich von kleineren Längzellen umgeben gewesen sind, so sind die Querspalten so kurz, dass die Wände mehr das Ansehen von netzartiger als treppenförmiger Verdickung haben. Hinter ihnen findet man bei grösseren Gefässtheil auch verhältnismässig weite Spiral- oder Ringgefässe. Alle Gefässe aber in diesen Leitbündeln sind auffallend klein; sie erreichen noch nicht die grösseren Bastzellen. Sie sind in eine mittlere Gruppe vereinigt. Einige liegen wohl auf der rechten, andere auf der linken Seite, keins vielleicht gerade in der Mitte, doch sind sie so aneinander gerückt, ja in einander geschoben, dass man sie nicht gut in zwei seitliche Gruppen sondern kann.

Nur an den nicht eben zahlreichen Leitbündeln, bei welchen der Holzkörper erheblich aus dem Umfange des Bastkörpers heranstritt, die aber, wie man annehmen kann, bereits nach den *Blättern* hin auswärts gehen, sind die Gefässe mehrfach in ihrer ursprünglichen Lage und Gestalt erhalten. Meist sind auch sie auffallend klein, wie Fig. 9, 10, wo die grössten einen mittleren Durchmesser von 0,01—0,02 mm gehabt haben mögen; doch kommen zuweilen auch grössere von 0,03 mm D. vor, wie Fig. 7, und in einem Leitbündel — ein freilich ganz vereinzeltes Vorkommen — erlangten einige einen Durchmesser von 0,04 mm (Fig. 8).

Wie in den gewöhnlichen, so waren übrigens auch in allen diesen Bündeln die Gefässe in eine mittelständige Gruppe vereinigt. Nur bei einem Leitbündel, dessen Bastkörper auffallend in die Breite gezogen (Fig. 11) und gegen den Holzkörper durch zwei flache Bogen abgegrenzt war, zwischen denen er etwas nach der Mitte des Holzkörpers zu vorsprang, waren die zahlreichen, kleinen Gefässe in zwei seitliche Gruppen gesondert, zwischen welche sich auch die Sklerenchymscheide hineinzog. Vielleicht ist dies ein Leitbündel, welches sich bereits zur Theilung anschickt.

Besonders bezeichnend für die Art sind in mehr als einer Hinsicht die zwischen die Leitbündel eingestreuten massenhaften *Sklerenchymbündel*. Wo die Leitbündel nur etwas auseinander treten, sind sie in grosser Zahl über den Zwischenraum vertheilt, aber selbst wo jene ganz nahe an einander treten, drängen sich solch Sklerenchymbündel zwischen sie ein. Daher kann es uns nicht wundern, dass ihre Zahl die der Leitbündel um das Zehnfache übertrifft, indem durchschnittlich gegen 1400 auf einen Quadratcentimeter des Querschnitts kommen. Dabei sind sie von einer solchen Verschiedenartigkeit, dass ihre Zusammensetzung aus, denen des Bastkörpers ähnlichen, wenn auch kleineren Zellen und ihr wenigstens annähernd rundlicher Umriss fast das Einzige ist, was alle gemein haben; und selbst dieser letztere ist mannigfaltig genug. Bald ist der Querschnitt so scharf kreisrund, dass die im Umfange liegenden Zellen, trotz aller Verschiedenheit ihrer Grösse und Gestalt, nach aussen genau durch den auf sie kommenden Theil des Kreisumfangs begrenzt werden (Fig. 5 s); bald treten die Zellen, jede nach ihrer Art, über den Umfang hervor und geben dem Bündel einen weniger regelmässigen Umriss (s'); dieser ist auch bald länglichrund (s'') oder eirund (s'''), auch wohl viereckig (s'''). Noch mannigfaltiger ist die Zusammensetzung und damit zusammenhängend die Dicke der Sklerenchymbündel. Selbst bei gleich dicken Bündeln sind die Zellen zuweilen sehr verschieden gross; in der Regel aber erreichen sie in den dickeren Bündeln die Grösse der mittleren Bastzellen (s'''), während sie bei den dünnen den kleinsten der letzteren ähnlich sind. Am auffallendsten aber sind die Schwankungen in der Zahl der Zellen auf einem Querschnitt. Mag man die sparsamen zwei- und dreizelligen Bündel (s'', s''') nur als die Enden mehrzelliger Bündel betrachten; bei anderen Arten habe ich sie nicht gefunden, sie und die vierzelligen bilden schon etwa 10°, aller Bündel und in nahezu gleicher Zahl betragen die fünfzelligen und sechs- bis dreizehnzelligen mit den vierzelligen zusammen 80°, der Sklerenchymbündel, so dass die rasch abnehmende Zahl der vierzehn- bis sechszehnzelligen und die wenigen, welche 17 bis 30 Zellen in einem Querschnitt zeigen, zusammen noch nicht den fünften Theil der Gesammtzahl betragen. Diese aus der Vergleichung von 125, von verschiedenen Stellen herausgegriffenen Sklerenchymbündeln abgeleiteten Verhältnisszahlen mögen für andere Stellen manchen Schwankungen unterliegen; von Mittelwerthen aus einer nicht zu kleinen Zahl von Bündeln werden sie, wie ich glaube, nicht zu weit abweichen.

Die grosse dabei zu Tage tretende Verschiedenheit im Bau der Bündel erklärt nun auch ihre ausserordentlich verschiedene Dicke. Während die grossen, etwa zwanzigzelligen Bündel einen Durchmesser von 0,11, 0,12 bis 0,15 mm haben, gehen die kleinen vier- und fünfzelligen auf 0,05—0,04 mm, die zwei- und dreizelligen unter 0,03 mm herunter — ein so bezeichnendes Verhalten, dass darauf wohl der Name der Art gegründet werden konnte. Von einem Kranze eigener Zellen sind die Sklerenchymbündel nicht umgeben; sie liegen wie die Leitbündel unmittelbar im *Grundgewebe*.

Dieses ist überall erhalten, aber durch die Aufweichung vor und während der Verkieselung so verändert, dass es schwer ist eine zuverlässige Vorstellung von demselben zu gewinnen. Seine Zellen sind ausserordentlich dünnwandig gewesen und in Folge dessen fast überall derartig verbogen und in einander gedrückt, dass man nur eben erkennen kann, dass sie um den Bastkörper der Leitbündel herum tafelförmig plattgedrückt waren und ihm mit den breiten Flächen anlagen. Hier und da sieht man noch 4—6 Schichten solcher Zellen den Zwischenraum zwischen zwei nahe an einander gerückten Bastkörpern ausfüllen. Besonders gross sind sie da, wo der Bastkörper an den Holzkörper grenzt; nur die Flanken des letzteren sind sie zuweilen noch strahlenförmig geordnet, indem sie ihm mit ihren schmalen Flächen anliegen; wo aber die Leitbündel aus einander weichen, zwischen den dort zahlreich versammelten Faserbündeln, sind die Parenchymzellen sehr gross, aber gerade hier in wunderlichen Windungen durch einander geschoben, dass man nur vermuthen kann, sie möchten ursprünglich breit tafelförmig oder unregelmässig vieleckig gewesen sein. Einige der wenigen leidlich erhaltenen Zellen dieser Art mögen die in senkrechte Reihen über einander geordneten Zellen Fig. 12 m darstellen.

Ueberall unter diesen zerstreut sieht man nun unregelmässige ganz helle Stellen (Fig. 5 m¹, m¹¹), welche ganz wie Lücken aussehen, indem, hauptsächlich wohl durch die hin und hergebogenen Längs- und Querwände, der Hohlraum der anderen Zellen heller oder dunkler braun ist. Auch sind die braunen Streifen, durch welche diese ganz farblosen Stellen von einander getrennt werden, fast immer so breit, dass sie wohl von zusammengedrückten tafelförmigen Parenchymzellen herrühren könnten; nicht selten aber sind es doch nur so dünne Striche, dass man sie nur für einfache Zellhäute halten kann. Beide hellen Stellen können dann keine Lücken sein. Will man daher nicht die dem Augenschein zusagende, aber doch unwahrscheinliche Annahme machen, dass die grossen farblosen Stellen Lücken, die angrenzenden, ihnen sonst ganz gleichen, nur etwas kleineren aber Zellen seien, so muss man das ganze Grundgewebe doch für lückenloses Parenchym halten.

Ausser den schon anfangs hervorgehobenen Merkmalen, durch welche sich die Art von einer ganzen Anzahl anderer fossiler Palmenhölzer unterscheidet, namentlich von denen, die der von Mohl als Mauritia-ähnlich bezeichneten Stammform angehören, sind es besonders der sehr flache und nicht aus dem Umriss des Bastkörpers heraustretende Holzkörper und die Feinheit und ausserordentliche Menge der Sklerenchymbündel, von denen zehn auf jedes Leitbündel kommen, welche dieser Art ihr eigenartiges Gepräge verleihen.

17.

Cupressinoxylon von Tormarp in Halland.
Taf. X. Fig. 9.

Phytopalaeontologische Abtheilung des Naturhistorischen Reichsmuseums in Stockholm.

Aus einer Mortäne des älteren baltischen Eisstromes bei Tormarp in Halland sammelte Herr Dr. Lundgren einige kleine Braunkohlenstöckchen, deren grösstes kaum 2,8 cm lang ist. Sie besitzen äusserlich deutliche Holzstructur, lassen sich mit dem Messer schneiden und brennen mit heller Flamme, sie sind leicht und schwimmen auf dem Wasser. Hieraus geht hervor, dass sie keine so wesentliche Veränderung durchgemacht und sich deshalb auch wahrscheinlich besser conservirt haben, als das oben beschriebene Braunkohlenholz (Nr. 13) aus dem südlichen Schweden.

An einem der Stöckchen sieht man Jahresringe mit blossem Auge, und unter dem Mikroskop lassen sie sich nur, wie bei dem vorerwähnten Braunkohlenholz, an den verschiedenen Farbentönen wieder erkennen. Im horizontalen Dünnschliff bilden die Tracheïden ein durchweg gleichmässiges Gewebe, das weder in Bezug auf die Stärke der Wandungen, noch in Bezug auf den radialen Durchmesser der Zellen irgend welche gesetzmässige Abänderung erleidet. Die Weite der Tracheïden ist sehr ungleich, und bisweilen empfängt man den Eindruck, als ob die besonders grossen Lumina aus der Vereinigung zweier Zellen hervorgegangen wären. Die äussere Begrenzung der Zellwände lässt sich in den seltensten Fällen unterscheiden, vielmehr bilden die correspondirenden Wände der benachbarten Zellen eine homogene Masse, welche zumeist auch die kleinen Intercellularen ausfüllt; die innere Begrenzung ist nicht polygonal, sondern gewöhnlich unregelmässig abgerundet. Die Zellwände sind auffallend dick, und zwar im Bereich des ganzen Präparates, ohne eine Zu- oder Abnahme nach der einen oder anderen Richtung hin erkennen zu lassen. Radial stehen behöfte Tüpfel in einer oder zwei Längsreihen; tangential habe ich keine bemerkt.

Im Querschnitt liegt in zahlreichen zerstreuten Zellen ein rothbrauner Inhalt, anscheinend Harz, und in Längsschnitten kann man bisweilen auch die Wände der Harzführenden Parenchymzellen unterscheiden.

Die Markstrahlen sind durchweg einschichtig und niedrig; als Maximum beobachtete ich 13 Stockwerke übereinander. Die Strahlenzellen enthalten theilweise gleichfalls Harz; von den Structurverhältnissen ihrer Wände ist nichts sichtbar.

Aus dem Gesagten erhellt, dass wir es hier mit einem Cupressinoxylon zu thun haben, dessen Erhaltungsart jedoch nicht normal ist. Es lassen sich zwar keinerlei biologische oder physikalische Einflüsse nachweisen, wie an manchen anderen, hier beschriebenen Fossilien; wohl aber dürfte eine *chemische* Einwirkung auf das todte Holz stattgefunden haben. Das eigenthümliche fremdartige Bild des Querschnittes kann vielleicht durch die Annahme erklärt werden, dass Schwefelsäure mit dem Holz auf secundärer oder späterer Lagerstätte in Berührung gekommen ist. Hierdurch würde das Aufquellen der Wände und stellenweise auch eine vollständige Lösung derselben herbeigeführt sein können, was in den Dünnschliffen deutlich hervortritt.

Beiläufig sei bemerkt, dass ähnliche Hölzer, bei denen man eine stattgehabte Einwirkung von Schwefelsäure anzunehmen pflegt, in der deutschen Braunkohle garnicht selten zu finden sind.

Rückblick.

Aus vorstehenden Beschreibungen geht hervor, dass die schwedischen Geschiebehölzer nach ihrer Erhaltung und Erscheinungsweise den dänischen und norddeutschen Geschiebehölzern in hohem Grade ähnlich sind. Unter den sechszehn Nummern giebt es drei Braunkohlenhölzer, und zwei andere besitzen noch theilweise ein Braunkohlen-ähnliches Aussehen, während sie innerlich schon zum grössten Theil petrificirt sind. Die übrigen elf Stücke haben einen vollständigen Verkieselungsprocess durchgemacht und sind später, bei längerem Liegen an der Luft, mehr oder weniger gebleicht; sie haben hierdurch — wenigstens in den peripherischen Theilen — jene hellgraugelbe (erbsengelbe) Farbe angenommen, welche auch für so viele unserer Geschiebehölzer charakteristisch ist. Ihrer pflanzlichen Abstammung nach, setzen sich die schwedischen Exemplare aus fünfzehn Nadelhölzern und einem Palmholz zusammen; letzteres bildet den einzigen sicheren Palmenrest aus der fossilen Flora Schwedens überhaupt. Von den Coniferen konnten drei wegen mangelhafter Erhaltung nicht näher bestimmt werden; alle übrigen (12) besitzen einen Cypressen-ähnlichen Bau und sind daher als Cupressinoxylon bzw. Rhizocupressinoxylon, ohne Speciesnamen, bezeichnet. Der Bau der lebenden Cupressaceen ist im Allgemeinen so monoton und innerhalb einer Art so variabel, dass hiernach die Abgrenzung fossiler Species mit Schwierigkeiten verknüpft ist. In sehr vielen Fällen wird letzteres überhaupt nur dann möglich sein, wenn man die aus der individuellen Erhaltungsart und aus dem geologischen Vorkommen des Holzes resultirenden Differenzen zu Grunde legt. Um nicht die ohnehin grosse Zahl fossiler Species zu vermehren, hielt ich es in diesem Falle für zweckmässig und ausreichend, dem Gattungsnamen lediglich die Ortsbezeichnung hinzuzufügen.

Es ist bemerkenswerth, dass ein grosser Bruchtheil sämmtlicher Coniferen (nämlich neun) Wurzelhölzer sind, und man darf hieraus vielleicht folgern, dass die Petrificirung der Stöcke in natürlicher Stellung, und nicht etwa erst auf späterer Lagerstätte, erfolgt ist.

Auch im mikroskopischen Bilde bieten die schwedischen Stücke mancherlei Analogien mit deutschen Geschiebehölzern. Einzelne Bäume, von welchen fossile Reste vorliegen, haben mitten in ihrer Vegetationsperiode die Blätter verloren, was auf einen fremden Einfluss durch Atmosphärilien oder Insecten schliessen lässt. Andere Stücke zeigen in der Ablenkung ihrer Markstrahlen und in der Verschiebung ihrer Zellenquerschnitte oder in einer eigenthümlichen Faltenbildung der Zellwände die Spuren mechanischer Einwirkung, welche sich entweder auch schon am grünen Baum oder bald nach dessen Fall am frischen Holz vollzogen hat. Nicht selten traten parasitische Pilze auf, welche eine Zersetzung des Wurzel- und Stammholzes einleiteten, und später gesellten sich noch Saprophyten hinzu, welche das Zerstörungswerk weiter betrieben. Das am Boden lagernde, abgestorbene Holz trocknete zusammen und erhielt grössere und kleinere Risse, die sich auch im mikroskopischen Bilde wiederfinden. Endlich hat an späterer Lagerstätte wahrscheinlich freie Schwefelsäure auf einzelne Stücke eingewirkt, in Folge dessen die Membran der Zellen gequollen und stellenweise in der Richtung der Spirale getrennt ist.

Es ergiebt sich also, dass in den Wäldern, welchen die schwedischen Geschiebehölzer entstammen, Beschädigungen mannigfacher Art, sowohl durch elementare Einwirkung, als auch durch niedere Organismen, hervorgerufen wurden. Die eingetretenen Zersetzungserscheinungen finden ihres Gleichen in ähnlichen Vorgängen an Waldbäumen der Gegenwart.

C.

ALLGEMEINER VERGLEICH DER GESCHIEBEHÖLZER MIT DEN HÖLZERN DES HOLMA-SANDSTEINS.

Im Diluvium Norddeutschlands, Belgiens, Hollands, Dänemarks, Südschwedens und Russlands treten, bisweilen in nicht geringer Häufigkeit, verkieselte Hölzer als Geschiebe auf. Obschon in einzelnen Fällen ihr Vorkommen auf anstehende Ablagerungen in der Nähe zurückgeführt werden konnte, ist im grossen Ganzen die Frage nach ihrer Herkunft noch ungelöst. Als daher verkieselte Hölzer anstehend im Bohus-Sandstein in Südschweden durch O. HOLST entdeckt wurden, lag es nahe zu vermuthen, dass ein Theil der Geschiebehölzer von dort herstammen könne. Nachdem hier die anstehenden und Geschiebehölzer Schwedens beschrieben sind, möge noch eine Uebersicht der übrigen Geschiebehölzer folgen, ehe ein allgemeiner Vergleich ausgeführt werden kann. Da in der Literatur bisher nur wenige Publicationen hierüber existiren, gründet sich die nachstehende Darstellung zum grössten Theil auf meine, im Laufe der Jahre auf diesem Gebiete gemachten, eigenen Erfahrungen.

I.

Uebersicht der schwedischen, dänischen und norddeutschen Geschiebehölzer.

Unter den sechszehn Geschiebehölzern *Schwedens*, welche oben geschildert sind, kommen eine Palme und fünfzehn Nadelhölzer vor. Von letzteren gehören zwölf zu Cupressinoxylon, während die drei übrigen wegen mangelhafter Erhaltung nicht bestimmt werden konnten, jedoch erscheint es nicht ausgeschlossen, dass auch diese Cypressen-ähnliche Hölzer sind.

Von *Seeland* untersuchte ich zunächst zwei in der Phytopalaeontologischen Abtheilung des Naturhistorischen Reichsmuseums zu Stockholm befindliche Stücke, deren eines ein Cupressinoxylon und das andere eine Dicotyle vorstellt. Sodann bemerkte ich im Mineralogischen Museum der Universität Kopenhagen zwei Hölzer von der Insel *Fünen*, und zwar eins aus Rönningesögaard und das andere aus Svendborg in Orkil Slots-Bakker; die mikroskopische Prüfung ergab, dass beide eine Cypressen-ähnliche Structur besitzen. Häufiger, als auf den dänischen Inseln, finden sich Geschiebehölzer in den diluvialen Sanden *Jütlands*, und ich habe bereits früher ein von L. MEYN bei Sondershöved gesammeltes Stück als Cupressinoxylon beschrieben.[1] Später übergab Herr Professor Fr. JOHN-

---

[1] H. CONWENTZ, Fossile Hölzer aus der Sammlung der Königl. Geologischen Landesanstalt zu Berlin. Jahrbuch der Königl. Geologischen Landesanstalt für 1881. Berlin 1882. S. 153.

STRUP mir von vier verschiedenen Fundorten einige Proben, die sich gleichfalls als Cupressinoxylon erwiesen.

Auch aus *Schleswig* wurden mehrere der Königl. Preussischen Geologischen Landesanstalt gehörige Geschiebehölzer von mir untersucht und a. a. O. veröffentlicht; zwei derselben sind Cornoxyla und das dritte ein Cupressinoxylon. Ferner erhielt ich aus dem Mineralogischen Museum der Universität Kiel mehrere Cupressinoxyla von Ahrensburg, Friedrichshof und Holstein, sowie ein Cedroxylon von Hadersleben und ein zweites ohne Fundortsangabe. In der Phytopalaeontologischen Abtheilung des Schwedischen Reichsmuseums fand ich ein von L. MEYN in Schleswig gesammeltes Cupressinoxylon, und ich selbst besitze mehrere Cupressinoxyla aus Petersen, welche ich dem verstorbenen Forscher verdanke.

Das Naturhistorische Museum zu *Lübeck* weist Cupressinoxyla von Bodenteich, Büchen, Dummersdorf, Eutin, Lübeck und von der Untertrave auf; andere Nadel- oder Laubhölzer sind unter den dortigen Geschieben garnicht vertreten.

Im Naturhistorischen Museum zu *Hamburg* bemerkte ich Cupressinoxyla aus Fuhlsbüttel und Rolandskuhle, sowie andere im Gestein eingeschlossene Hölzer. Aus Oldenburg wurde früher ein Cypressen-ähnliches Holz von J. FELIX erwähnt.

Hier mögen zwei Vorkommnisse aus dem westlichen Nachbargebiet eingeschaltet werden. In der alten Sammlung H. R. GOEPPERT's zu Breslau befand sich ein Geschiebeholz aus Nijmwegen in Holland; dasselbe gehört zu Cupressinoxylon. Ferner sah ich sowohl im Museum zu Lübeck, als auch in der Sammlung des Herrn Oberlandbaumeister Koch zu Güstrow, einige verkieselte Cupressinoxyla aus Tirlemont in Belgien.

In der Provinz *Hessen* ist meines Wissens bislang nur ein Geschiebeholz, und zwar ein Cupressinoxylon aus Gr. Almerode[1] bekannt geworden. Hingegen sind mehrere Exemplare aus der Provinz *Sachsen* in den Sammlungen der Geologischen Landesanstalt zu Berlin vorhanden und auch früher von mir bestimmt worden.[2] Ein Stück wurde bei den Ausschachtungen der Berlin - Wetzlarer Eisenbahn im unteren Diluvium von Alt-Rottstock durch G. BERENDT gesammelt; ein zweites stammt aus Benchlitz und ein drittes aus dem Geschiebesand von Gardelegen. Alle drei Exemplare sind Cupressinoxyla. Ausserdem übergab mir Herr Prof. Frhr. von FRITSCH in Halle aus Deutschenthal ein Geschiebeholz, das gleichfalls zu Cupressinoxylon gehört.

Angesichts der weit vorgeschrittenen geologischen Durchforschung des *Königreich Sachsen*, ist die Zahl der dort aufgefundenen Geschiebehölzer nicht erheblich. FELIX erwähnt Cupressinoxyla aus den diluvialen Sanden und Kiesen des nordwestlichen Theiles von Sachsen, sowie der angrenzenden Theile von Preussen und Thüringen.[3] Durch Herrn Geh. Bergrath CREDNER in Leipzig erhielt ich Stücke aus dem Diluvium von Leipzig, Dahlen und Ober-Odderwitz; sie zeigen durchweg einen Cupressaceen-ähnlichen Bau. Andere Kieselhölzer treten zahlreich in der Gegend von Kamenz i.S. auf. Nach MORGENROTH[4] um-

[1] JOH. FELIX, Untersuchungen über fossile Hölzer. Zeitschrift der Deutschen Geologischen Gesellschaft. Jahrg. 1883. S. 83.

[2] H. CONWENTZ, l. c. pag. 152, 148, 151, 156.

[3] JOH. FELIX, Studien über fossile Hölzer. Inaug.-Diss. Leipzig 1882. S. 49. — Beiträge zur Kenntniss fossiler Coniferenhölzer. ENGLER's Botanische Jahrbücher. III. Band. Leipzig 1882. S. 269.

[4] E. MORGENROTH. Die fossilen Pflanzenreste im Diluvium der Umgebung von Kamenz i. S. Halle a. S. 1883.

fassen sie einen Baumfarn (Protopteris mikrorhiza Cord.) sowie mehrere Hölzer von Araucaria-ähnlicher Structur (Cedrioxylon Credneri Morg., C. Brandlingi Fel., C. Schenkii Morg., Dadoxylon Rhodeanum Morg.).

Was das Vorkommen der Geschiebehölzer in *Schlesien* betrifft, so kenne ich aus eigener Anschauung Cupressinoxyla aus der Kiesgrube bei Siegersdorf unweit Kohlfurt, aus Karlsdorf am Zobten,[1] aus Kieferstädtel O.-S. und aus mehreren anderen Orten. Ferner tritt auf der rechten Oderseite, vornehmlich in dem Gebiet zwischen den Städten Gleiwitz, Lublinitz und Oppeln, eine andere Baumart, nämlich Pityoxylon silesiacum (Goepp.) Kr. als Geschiebe auf. Ausserdem kommen in Schlesien zahlreiche Laubhölzer, stellenweise sogar in überwiegender Mehrzahl vor; sie sind noch nicht hinreichend untersucht, jedoch geht aus den bisherigen Publicationen und aus den von mir durchgesehenen Collectaneen im Mineralogischen Museum der Königl. Universität Breslau hervor, dass hierunter die Gattung Quercus sehr häufig ist. Endlich besitzt die Geologische Landesanstalt zu Berlin aus der Gegend von Brostau unweit Glogau einige Geschiebehölzer, unter welchen ein Psaronius und zwei verschiedene Palmhölzer bekannt geworden sind.[2]

Auch in der Provinz *Brandenburg* finden sich nicht selten verkieselte Geschiebehölzer, und ich habe bereits früher Gelegenheit gehabt, die der Königl. Preussischen Geologischen Landesanstalt gehörigen Stücke vom Kreuzberg bei Berlin, von Stolpe und von Oderberg als Cupressinoxyla zu bestimmen. Später untersuchte ich ein zweites, dem Mineralogischen Museum der Königl. Forstacademie Eberswalde gehöriges, Exemplar von Oderberg und fand, dass dieses ebenfalls ein Cupressinoxylon ist. Eine grössere Suite unbestimmter Geschiebehölzer aus der Mark besitzt das Provinzial-Museum zu Berlin.

Aus *Mecklenburg* habe ich zunächst ein von L. Meyn gesammeltes und von der Geologischen Landesanstalt zu Berlin mir übersandtes Geschiebeholz als Cupressinoxylon beschrieben.[3] Später wurden zahlreiche Geschiebehölzer, hauptsächlich aus den Sammlungen der Geologischen Landesanstalt zu Rostock, von H. Hoffmann untersucht und veröffentlicht;[4] er meint, dass sich dort im Allgemeinen die Zahl der Laubhölzer zu derjenigen der Nadelhölzer, wie 1 : 3 verhält. Unter letzteren erwähnt er einzelne Stücke von Cupressinoxylon Hartigii Goepp., C. Protolarix (Goepp.) Kr., Pityoxylon araucarioides Hoffm. und Araucarites Rhodeanus Goepp. Sodann beschreibt er aus einem jurassischen Geschiebe ein Cupressinoxylon und aus Sternberger Gestein C. acerosum (Goepp.) Kr., Pityoxylon silesiacum (Goepp.) Kr. sowie ein Laubholz. Hoffmann glaubt annehmen zu müssen, dass Mecklenburg reich an Geschiebehölzern sei, jedoch habe ich bei einem sechs Jahre später ausgeführten Besuch der öffentlichen und privaten Sammlungen von Rostock, Neubrandenburg, Waren und Güstrow die Ueberzeugung gewonnen, dass diese Fossilien dort allgemein verbreitet und in nicht geringer Häufigkeit vorkommen. Aus der Sammlung der Geologischen Landesanstalt zu Rostock untersuchte ich ein Cupressinoxylon von Alt-Gaartz

[1] H. Conwentz, Die fossilen Hölzer von Karlsdorf am Zobten. Breslau 1883.
[2] H. Conwentz, Fossile Hölzer aus der Sammlung der Königl. Geologischen Landesanstalt zu Berlin. S. 162.
[3] H. Conwentz, l. c. pag. 159.
[4] H. Hoffmann, Ueber die fossilen Hölzer aus dem mecklenburgischen Diluvium. Inaug.-Diss. Neubrandenburg 1883.

bei Wismar. Im Museum zu Neubrandenburg fand ich, neben diversen Laubhölzern aus Mecklenburg, Neubrandenburg und vom Kiesberg bei Neubrandenburg, auch Cupressinoxyla aus Mecklenburg, Conow, Kl. Dratow und Wilhelmstein bei Fürstenwerder. Die Geschiebehölzer des Museum Maltzaneum zu Waren, welche von Friedrichsfelde, Gudow, Karenz (zwei Stücke), Levetzower Feld bei Teterow, Rethwisch bei Wismar, Schwerin und Waren stammen, sind ausschliesslich Cupressinoxyla. Ebenso bestimmte ich aus den Privatsammlungen der Herren Oberlandbaumeister Koch und Baron von Nettelbladt in Güstrow einige Stücke vom Sanitzer Feld, von Schwerin und Sternberg als Cupressinoxyla.

In der Provinz *Pommern* sind bisher wenige Geschiebehölzer gesammelt worden. Von der Greifswalder Oie wurde mir früher ein Stück übersandt, das ich als Rhizocupressinoxylon Pommerania m. beschrieben habe.[1] Später bemerkte ich im Mineralogischen Museum der Universität Greifswald zwei andere Exemplare, deren eines zu den Dicotylen und das andere zu den Cypressen-ähnlichen Bäumen gehört. Ferner schickte Herr Gymnasialoberlehrer Dr. Winckelmann in Stettin mir ein Geschiebeholz aus Wolgast und ein zweites aus Polzin; beide sind Cupressinoxyla. Endlich habe ich neuerdings zahlreiche Cupressinoxyla im Diluvium von Finkenwalde unweit Stettin gesammelt.

Aus *Westpreussen* habe ich in dem meiner Leitung unterstellten Provinzial-Museum umfangreiche Collectaneen der hier häufig anzutreffenden Geschiebehölzer angelegt. Im Allgemeinen überwiegt bei Weitem die Zahl der Coniferen, wenn schon Laubhölzer nicht gerade selten sind. R. Caspary hat einige der letzteren, sowie auch ein zweifelhaftes Palmholz aus Westpreussen, beschrieben und abgebildet[2], während die Nadelhölzer bislang nicht ausführlich bearbeitet sind. Soweit meine Kenntniss der Dünnschliffe reicht, gehören sie fast ausschliesslich zur Gattung Cupressinoxylon, und ich führe von einzelnen Fundorten beispielsweise Danzig, Hagelsberg bei Danzig, Ludolfine bei Oliva, Adlershorst, Warznau, Langenau, Frische Nehrung, Polski und Elbing auf.

In *Ostpreussen* hat Caspary durch einen langen Zeitraum selbst gesammelt und auch Dünnschliffe in sehr beträchtlicher Zahl anfertigen lassen. Die nach seinem Tode herausgegebene, unten erwähnte Arbeit über fossile Hölzer Preussens[2] enthält vornehmlich Laubhölzer, daneben auch zwei Araucarien-ähnliche Stücke aus Ostpreussen. Die grosse Masse der Nadelhölzer hat er nicht bearbeitet, und es war mir daher sehr willkommen, dass Herr Professor Dr. Luerssen in Königsberg die zugehörigen Dünnschliffe mir zugänglich machte. Die Durchsicht derselben ergab das bemerkenswerthe Resultat, dass unter den Hunderten von Präparaten lediglich die Gattung Cupressinoxylon vertreten ist. Von Fundorten sind Allenstein, Braunsberg, German, Heiligenbeil, Raths-Damnitz, Reitz, Spillgehnen, Zinten u. a. zu nennen.

[1] E. Boxmort, Der Greifswalder Bohlen. II. Jahresbericht der Geographischen Gesellschaft zu Greifswald. Greifswald 1885. S. 35.
[2] R. Caspary, Einige fossile Hölzer Preussens. Abhandl. zur geologischen Specialkarte von Preussen und den Thüringischen Staaten. Band IX. Heft 2. Berlin 1889. Nebst Atlas mit 15 Tafeln.

2.

Schlussfolgerungen.

Aus der vorstehenden gedrängten Uebersicht geht hervor, dass nahezu alle Hauptabtheilungen der Holzgewächse unter den Geschiebehölzern Norddeutschlands und der benachbarten Gebiete vertreten sind. Bei einem Vergleich mit den anstehenden Hölzern Schwedens können wir aber sofort von den Baumfarnen sowie von den Moos- und Dicotylen Abstand nehmen, da die beiden ersteren überhaupt nicht und die letzteren nur in einem unbestimmbaren Rindenrest im Holma-Sandstein bekannt geworden sind. Wenn wir etwa das Palmenholz von Jonstorps Täppeshus, das möglicher Weise aus diesem herrühren kann, berücksichtigen wollen, so ist zu erwähnen, dass sich bei den in Norddeutschland aufgefundenen Geschieben dieser Ordnung keinerlei Beziehungen mit jenen haben nachweisen lassen. Aus der Zahl der Coniferen sind wiederum die Hölzer mit Araucariaähnlicher Structur zu eliminiren, weil diese gleichfalls im Holma-Sandstein fehlen, und daher bleiben schliesslich die Abietaceen (Pinus-Pityoxylon, Cedroxylon) und Taxodineen bzw. Cupressaceen (Sequoites-Cupressinoxylon) zum Vergleich übrig.

Nahezu die ganze Masse der Hölzer des Holma-Sandsteins gehört zu Pinus Nathorsti, und diese Baumart müsste zweifellos in erster Reihe unter unseren Geschiebehölzern vorhanden sein, falls überhaupt Stücke von dort hierher gelangt wären. Nach obigen Mittheilungen sind echte Pinus-Hölzer (Pityoxyla) ausserordentlich selten und bisher nur in zwei Gegenden beobachtet worden, nämlich in Mecklenburg und in Oberschlesien. H. HOFFMANN hat Pinites (Pityoxylon) araucarioides aus dem Diluvium Mecklenburgs beschrieben, und Dank der Zuvorkommenheit des Herrn Professor E. GEINITZ in Rostock konnte ich von dem der Geologischen Landesanstalt daselbst gehörigen Original nebst Dünnschliffen Kenntniss nehmen. Es ist ein flaches kantiges Stück, welches keinerlei Spuren der Abrollung zeigt. Herr GEINITZ theilte mir mit, dass es ohne Fundortsangabe aus einer alten Sammlung entnommen sei, und empfahl auf dasselbe nicht zu grossen Werth zu legen. Ich habe demnach einen mikroskopischen Vergleich mit Pinus Nathorsti ausgeführt und folgende Abweichungen zwischen beiden Hölzern gefunden. Bei P. araucarioides stehen die Hoftüpfel in einer oder zwei Reihen auf der radialen Wand der Tracheiden; in letzterem Falle kommt es — vornehmlich gegen das Ende der Zellen — vor, dass sie alterniren und sich gegenseitig mehr oder weniger abplatten — eine Erscheinung, die bisweilen auch bei lebenden Abietaceen beobachtet wird.[1] Hingegen sind die behöften Tüpfel bei P.

---

[1] H. SCHACHT (Ueber den Stamm und die Wurzel von Araucaria brasiliensis. Botanische Zeitung, XX. Jahrg. 1862, S. 411) sagt, dass im Wurzelholz der Lärche die Tüpfel zuweilen fast ebenso dicht und spiralig gestellt, wie bei Araucaria, erscheinen. J. FELIX (Studien über fossile Hölzer, Inaug.-Diss. Leipzig 1882, S. 4) erwähnt, dass in einem von ihm untersuchten Wurzelholz von Pinus Abies L. die Tüpfel stellenweise so dicht hinter einander stehen, dass sie sich nicht nur berühren, sondern megsfmal sogar auch abplatten; in einigen Tracheiden, wo sie in zwei Reihen vorkommen, stehen sie wenigstens für kurze Strecken regelmässig alternirend. Ein ähnliches Vorkommen abgeplatteter Hoftüpfel beschreibt FELIX (ebd. S. 4 u. 32) auch bei Rhizocedroxylon Hoheneggeri Fel. aus den Eocen von Sagpusch.

Nathorsti fast immer einreihig angeordnet und in den seltenen Fällen, wo sie zweireihig auftreten, findet doch nie eine Abplattung oder Alternation statt. Ferner sind die Epithelzellen der grossen Harz-führenden Intercellularen bei P. araucarioides getüpfelt und bei P. Nathorsti ungetüpfelt, und hierin dürfte der Hauptunterschied beider Hölzer beruhen. HOFFMANN hat übrigens diese Tüpfel, ebenso wie das Auswachsen der Epithelzellen, das bei P. araucarioides gleichfalls vorkommt, übersehen. Endlich darf ich nicht unerwähnt lassen, dass letzteres Stück den Eindruck eines gesunden Holzes macht, während fast alle Stücke von Pinus Nathorsti durch Pilze und Bohrmuscheln angegriffen sind. Hiernach dürfte es keinem Zweifel unterliegen, dass beide Hölzer verschiedenen Baumarten angehören.

Dieselbe Sammlung besitzt noch ein Pityoxylon aus Genzlin in Mecklenburg. Dieses Stück, welches HOFFMANN nicht vorgelegen hat, zeigt mancherlei Ähnlichkeit mit P. Nathorsti, denn es ist von zahlreichen Bohrlöchern durchsetzt, die Harzgänge sind überdies geschlossen und die Wände der Epithelzellen ungetüpfelt. Jedoch darf an eine Identität Beider nicht gedacht werden, weil dem Handstück Sternberger Gestein anhaftet, welches also auf einen ganz anderen Ursprung hindeutet. Ausserdem erwähnt HOFFMANN einen Pinites (Pityoxylon) silesiacus GOEPP. aus Sternberger Gestein von Doberan; auf Grund der eingesehenen Dünnschliffe habe ich mich von der Richtigkeit dieser Bestimmung nicht überzeugen können.

Das zweite Gebiet, in welchem ein echtes Pinus-Holz auftritt, ist Oberschlesien, und ich habe den dort local verbreiteten Pinites (= Pityoxylon) silesiacus GOEPP. an mehreren aus dem Mineralogischen Museum der Universität Breslau bezogenen Präparaten näher untersucht. Die radiale Wand der Tracheiden ist gewöhnlich mit einer Reihe Hoftüpfel bekleidet, wie bei P. Nathorsti. Einen Harzgang sah ich im Längsschliff geschlossen, und ich vermuthe, dass auch der von H. R. GOEPPERT gegebenen Abbildung[1] Thyllen-ähnliche Gebilde zu Grunde liegen. In den Wänden der Auskleidungszellen konnte ich keine Tüpfel bemerken. Obwohl hieraus ein Unterschied zwischen P. silesiacus und P. Nathorsti nicht ersichtlich ist, lässt dennoch die beschränkte Verbreitung[2] und die ganze Erscheinungsweise des ersteren garnicht den Gedanken aufkommen, dass er etwa aus dem Holma-Sandstein in Südschweden herrühren könne. Die Stücke von P. silesiacus sind nie abgerollt, sondern scheitartig scharfkantig und an der Oberfläche wie durch Flugsand polirt und klein facettirt. Dies spricht jedenfalls für eine Ableitung aus nicht grosser Ferne, und nach mündlicher Äusserung FRED. ROEMER's ist die Heimat dieses Geschiebeholzes wahrscheinlich im Gebiet der Karpathen zu suchen.

Hiernach sind also weder die mecklenburgischen noch die oberschlesischen Pityoxyla mit Pinus Nathorsti aus dem Holma-Sandstein zu identificiren, und es erübrigt nur noch kurz die beiden anderen Holzreste des letzteren in Betracht zu ziehen. Cedroxyla sind einige Male unter norddeutschen Geschieben gefunden worden, jedoch besitzen die kleinen Reste von C. Ryedaluense eine so mangelhafte Erhaltung, dass vorweg ein Vergleich aus-

---

[1] H. R. GOEPPERT. Monographie der fossilen Coniferen. Leiden 1850. Taf. XXXIV, Fig. 2 c.

[2] Ich habe früher einmal (H. CONWENTZ, Ueber die versteinerten Hölzer aus dem norddeutschen Diluvium. Breslau 1876, S. 26) die Ansicht ausgesprochen, dass P. silesiacus auch im übrigen Schlesien, Posen, Preussen und der Mark Brandenburg vorkomme. Indessen muss ich hierzu bemerken, dass sich diese Auffassung auf unvollkommene Präparate damaliger Zeit gründete und dass mir jetzt diese Species, ausser in Oberschlesien, anderswo nicht bekannt ist.

geschlossen erscheint. Das jugendliche Holz von Sequoites Holsti enthält kein Holzparenchym, und kann daher mit den Cypressen-ähnlichen Stücken unserer Geschiebe nicht in Parallele gestellt werden; älteres Holz jener Pflanze ist nicht bekannt. *Daher kann nach dem gegenwärtigen Stande unseres Wissens nicht nachgewiesen werden, dass ein Theil der Geschiebehölzer aus dem Norden stammt.*

Andererseits geht aus obigen Mittheilungen hervor, dass die erdrückende Mehrheit aller Geschiebehölzer Norddeutschlands, Belgiens, Hollands, Dänemarks und Schwedens zur Gattung Cupressinoxylon gehört, und in vielen Gegenden kommt diese sogar allein vor. Im Hinblick hierauf muss hervorgehoben werden, dass im Holma-Sandstein bisher nicht ein einziges Cypressen-ähnliches Holz bekannt geworden ist, zumal Sequoites Holsti nicht den charakteristischen Bau dieser Collectivgattung zeigt.

Natürlicher Weise entsteht jetzt die weitere Frage, woher die zahlreichen Cupressinoxyla in unserem Diluvium stammen? Die hierzu erforderliche Untersuchung liegt aber nicht mehr im Bereich dieser Arbeit, und ich möchte sie daher später an einem anderen Orte besonders behandeln. Hier sei nur soviel bemerkt, dass jene Hölzer vermuthlich nicht Geschiebe aus weiter Ferne, sondern zum grössten Theil Ueberreste einer früheren Flora des eigenen Landes vorstellen. In mehreren Gegenden Norddeutschlands bestehen noch gegenwärtig Tertiärbildungen, auf welche sich die in der Nähe vorkommenden Geschiebehölzer mit Bestimmtheit zurückführen lassen, und es ist sehr wahrscheinlich, dass ähnliche Lager in anderen Gebieten, wo sie jetzt fehlen, früher vorhanden waren, aber später zerstört wurden. Selbst die Geschiebehölzer Schwedens stammen nicht etwa aus dem Holma-Sandstein, wie man wohl vermuthet hatte, sondern von tertiären Stätten in nicht grosser Entfernung. Man kennt jetzt allerdings in ganz Südschweden kein anstehendes Tertiär, ausser dem Basalttuff von Djupadal unweit Hör; die hierin eingeschlossenen Holzreste sind aber so schlecht erhalten und so zerbrechlich, dass sie im Diluvium garnicht vorkommen können. Hingegen finden sich nicht selten kleine Braunkohlenstücke als Geschiebe in Schonen und Halland, und aus localen Anhäufungen, wie z. B. bei Nordana im Kirchspiel Burlöf, kann man wohl folgern, dass anstehende Lager in der Nähe zerstört oder vielleicht noch unter Tage vorhanden sind.

Wenn schliesslich ein geologisches Facit aus vorstehenden Untersuchungen gezogen werden soll, so ergiebt sich, dass norddeutsche, dänische und schwedische Geschiebehölzer aus dem Holma-Sandstein in Südschweden nicht abzuleiten sind; die grosse Mehrzahl derselben hat in tertiären Ablagerungen in nicht grosser Ferne ihren Ursprung.

TAFEL I.

Holms-Sandstein.

Pinus Nathorsti Conw. (¹).

Fig. 1. a. Abdruck eines Astes.
b—d. verkieselte Partieen des Astholzes.
e. f. Abdruck einer Nadel.
g. aufgespaltener Zapfen.

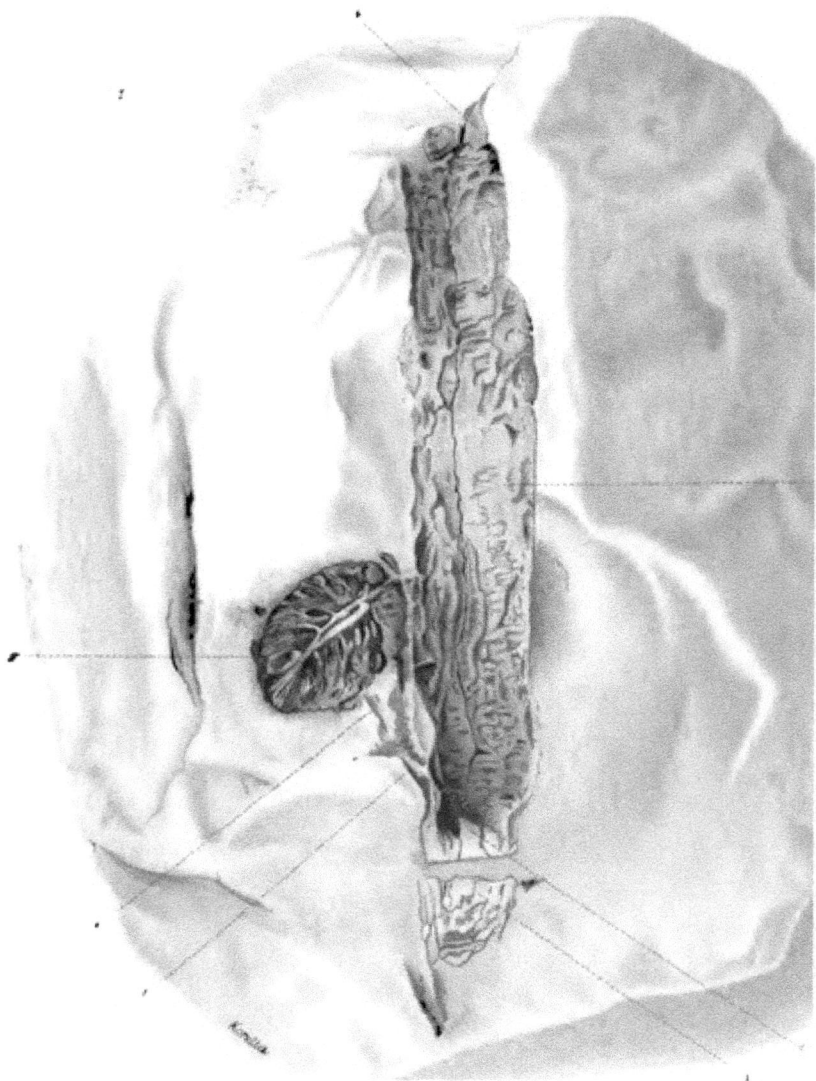

TAFEL II.

TAFEL II.

Holma-Sandstein.

Pinus Nathorsti Cow.

Fig. 1—2. Verkörperte Holzstücke mit je zwei Querbrücken, im Gestein. (⅓).
3. Abdruck eines zweimal quer gebrochenen, keilförmigen Holzes. a. Ausfüllungen der breiten Risse. (⅓).
4. Schalenförmiges Stück, von marinen Thieren (Teredo, Clavagella oder Gastrochaena) angebohrt; die erweiterten Mündungen der Röhren ragen aus dem Holz hervor. (⅓).
   [Die zahlreichen kleinen Flecken auf der linken Hälfte des Stückes rühren von lebenden Lichenen her.]
5. Schalenförmiges Stück, von anderen Meeresthieren (Lithodomus, Pholas) angebohrt; die der Länge nach aufgespaltenen Gänge sind mit Sandstein wieder ausgefüllt. (⅓)

TAFEL III.

TAFEL III.

Holms-Sandstein.

Pinus Nathorsti Conw.

Fig. 1. Zwei radial gespaltene scharfkantige Holzstücke in natürlicher Orientirung im Sandstein; sie zeigen mehrere wieder ausgefüllte Bohrlöcher. (⅓).

» 2. Abdruck einer Nadel. (⅟₁).

» 3. Theil des vorigen Stückes, mit mehreren Reihen Spaltöffnungen. (⅟₃).

Sequoites Holsti Nath. nom. taut.

Fig. 4. Hohlform eines beblätterten Zweiges, halb von oben gesehen. (⅟₁).

» 5. Das vorige Stück, ganz von oben gesehen; im Grunde liegt der verkieselte Rest des Zweiges. (1⅓).

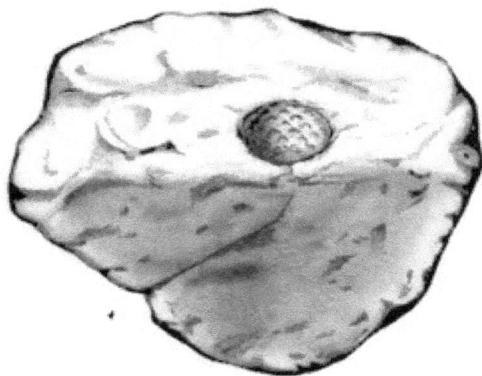

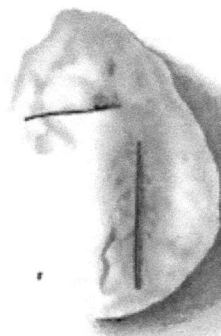

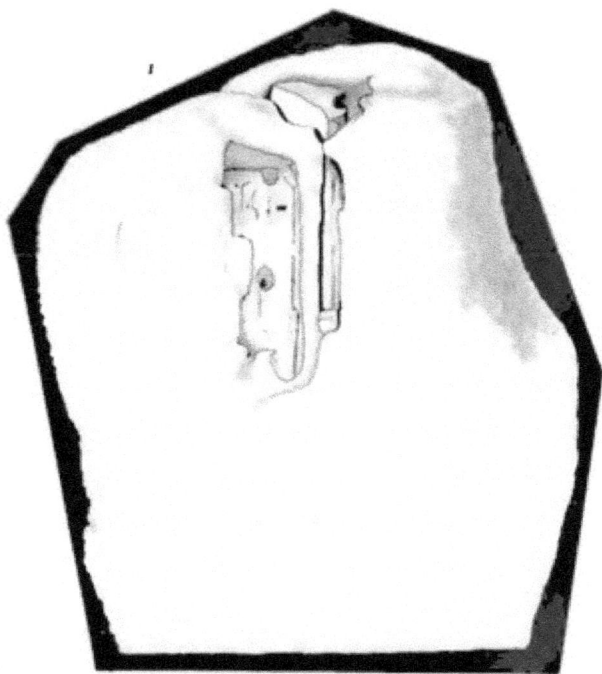

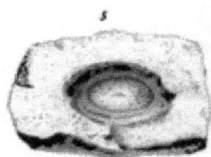

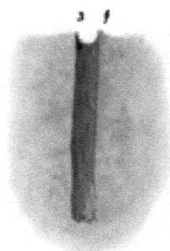

TAFEL IV.

Holma-Sandstein.

Sequoites Holmi Nath. nom. taut.

Fig. 1. Das in Taf. III, Fig. 4 und 5 abgebildete Stück, von der entgegengesetzten Seite gesehen. Der eingeschlossene verkieselte Holzast lässt auf der angeschliffenen Fläche das comptimirte Mark und undeutliche Wachsthumschichten erkennen. (1).

2. Abdruck eines beblätterten Zweiges. (1).

3. Theil des Vorigen. (2).

> 4. Abdruck eines jungen Zweiges. (4).

Fig. 5. Innerer Abdruck der rissigen Rinde eines Laubholzes, mit Astnarbe. (1).

6—8. Ausfüllung einer anderen Astnarbe, von vorne, von der Seite und von oben gesehen. (1).

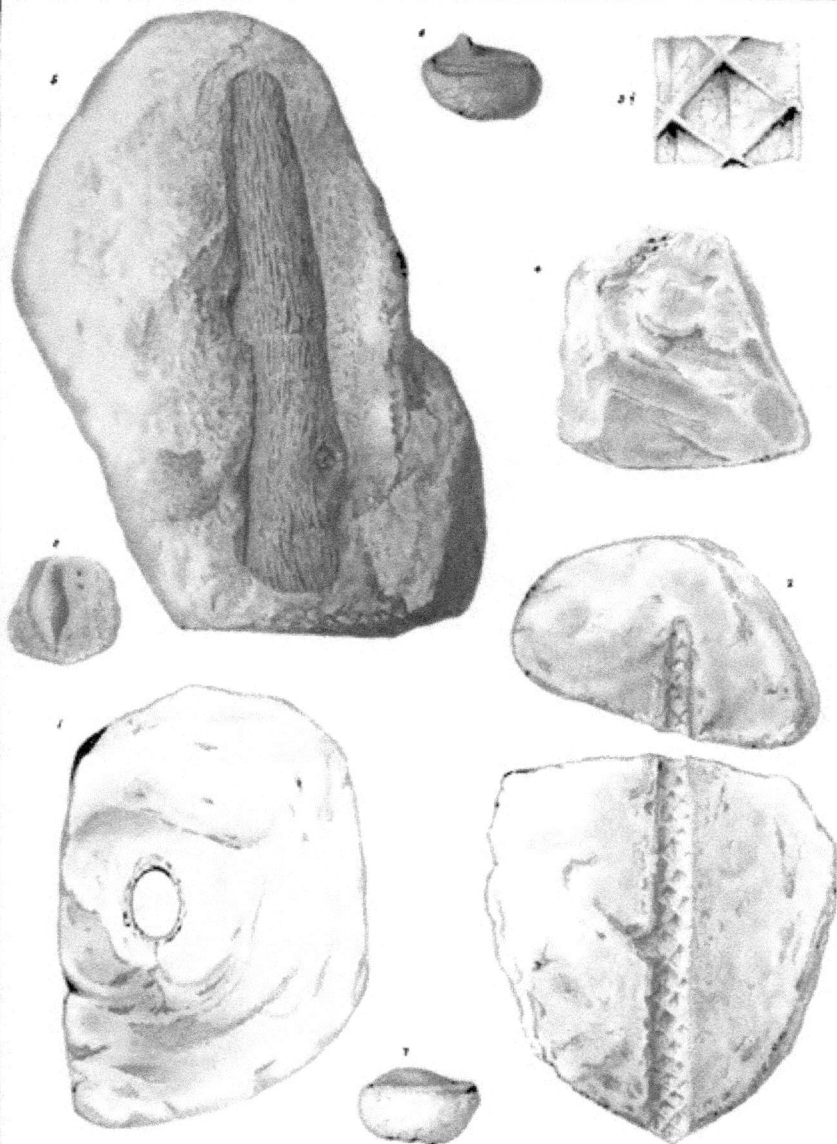

TAFEL V.

TAFEL V.

Holms-Sandstein.

Fig. 1. Abdruck der Tangentialfläche eines Holzes. (⅓).
   a. Ausfüllungen von Bohrgängen.
   2. Unbestimmter vegetabilischer Einschluss. Querschnitt. (⅓).
   3. Unbestimmter vegetabilischer Einschluss. Längsschnitt. (⅓).

Geschiebe-Hölzer.

Rhizocupressinoxylon von Ebbarp.

Fig. 4. Aussenfläche eines verkieselten Holzes, mit Zersetzungserscheinungen. (⅓).
   5. Innere Spaltungsfläche des vorigen Stückes, mit Zersetzungserscheinungen. (⅓).

Palmacites Filigranum STENZ. **von Jonstorps Täppesbus.**

Fig. 6. Verkieseltes Holz, von der Innenfläche gesehen. (⅓).

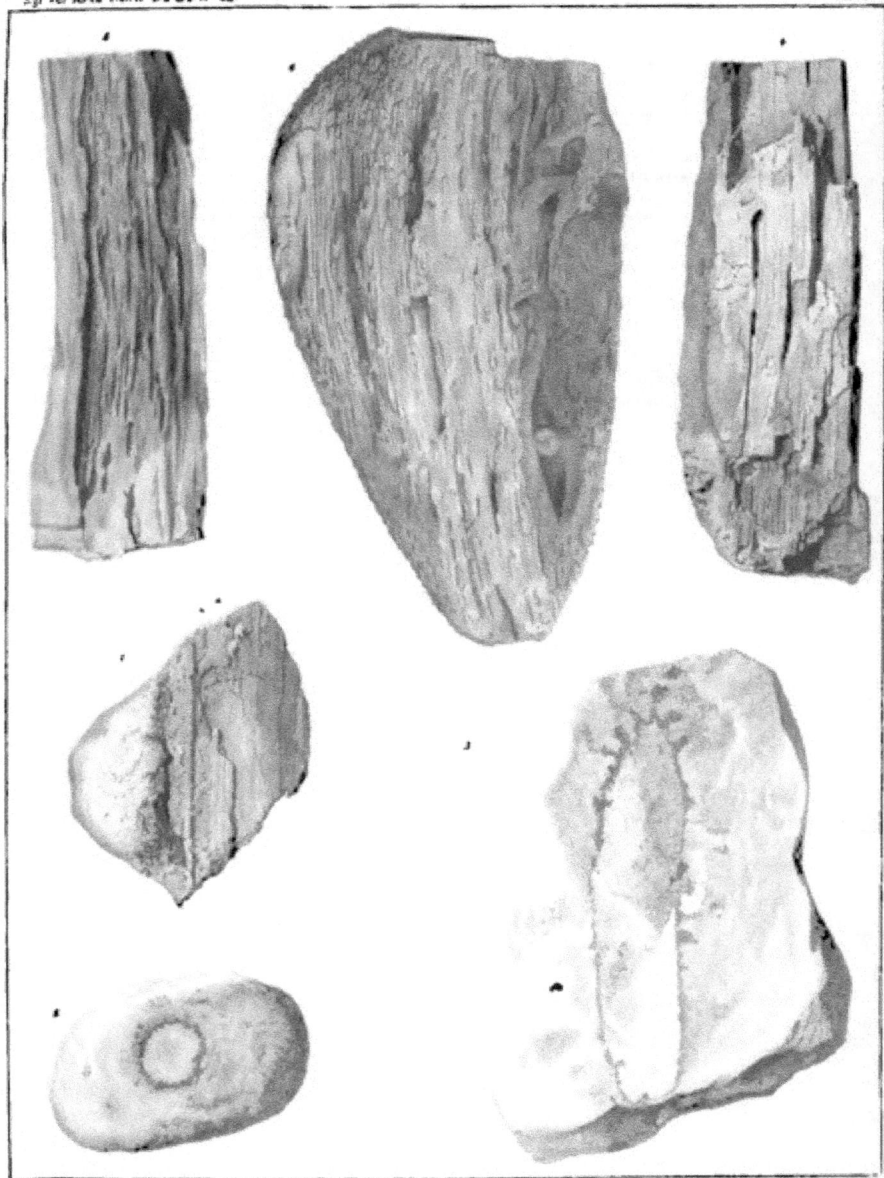

TAFEL VI.

TAFEL VI.

Holma-Sandstein.

Pinus Nathorsti Conw.

Fig. 1. Horizontalansicht des Holzes. (⁷⁄₁).
      a. offener Harzgang. a' durch Thyllen-artige Gebilde geschlossener Harzgang b. Markstrahlen.
   2. Horizontalansicht eines gedrückten Holzes. (¹⁄₁).
      a. offener Harzgang. b. wellenförmig verbogene Markstrahlen.
   3. Querschnitt durch einen offenen Harzgang. c. Epithelzellen. (¹⁵⁄₁).
   4. Querschnitt durch einen geschlossenen Harzgang. (¹⁵⁄₁).
      d. Thyllen-artig ausgewachsene Epithelzellen.
   5. Radialansicht des Holzes. (¹⁵⁄₁).
      b. Markstrahl. c. Tupfel.
   6. Radialansicht eines geschlossenen Harzganges. (²⁵⁄₁).
      b. Markstrahl. c. Epithelzellen. d. Thyllen-artig ausgewachsene Epithelzellen.
   7. Radialansicht eines anderen geschlossenen Harzganges. (²⁵⁄₁).
      b. Markstrahl. d. Thyllen-artige Gebilde, die sich polyëdrisch abgeplattet haben.
   8. Tangentialansicht des Holzes. (⁵⁄₁).
      b. einschichtige. b' mehrschichtige Markstrahlen.
   9. Tangentialansicht. (¹⁵⁄₁).
      b. einschichtige Markstrahlen. c. Radialtupfel.
 10. Tangentialansicht. (¹⁵⁄₁).
      b. einschichtiger. b' mehrschichtiger Markstrahl, mit einem Harzgang in der Mitte.

TAFEL VII.

TAFEL VII.

Holma-Sandstein.

Pinus Nathorsti Conw.

Fig. 1. Längsansicht eines zersetzten Holzes. ($\frac{2}{1}$*).
   f. Hyphen parasitischer Pilze im Inneren der isolirten Tracheiden.
2. Horizontalansicht eines zersetzten Holzes. ($\frac{3}{1}$*).
   Die primäre Wandung der Tracheiden ist aufgelöst.
3. Längsansicht eines zersetzten Holzes. ($\frac{4}{1}$*).
   Zwei Tracheiden mit parasitischen (f) und saprophytischen Pilzen (g).
4. Horizontalansicht eines zusammengetrockneten Holzes. ($\frac{3}{1}$*).
   Die primäre und secundäre Wandungen sind getrennt und geschrumpft.

Cedroxylon Ryedalense Conw.

Fig. 5. Horizontalansicht eines gedrückten Holzes. ($\frac{5}{1}$).
   Im Sommerholz sind unregelmässige eckige Lücken entstanden.
6. Partie aus dem Sommerholz des vorigen Schliffes. ($\frac{1}{1}$*).
7. Horizontalansicht eines stark zersetzten Stückes mit dünnwandigen Tracheiden. ($\frac{3}{1}$*).
8. Tangentialansicht. ($\frac{5}{1}$).
   b. einschichtiger Markstrahl.
9. Hyphen und Sporen verschiedener Saprophyten aus einem stark zersetzten Holz. ($\frac{4}{1}$*).

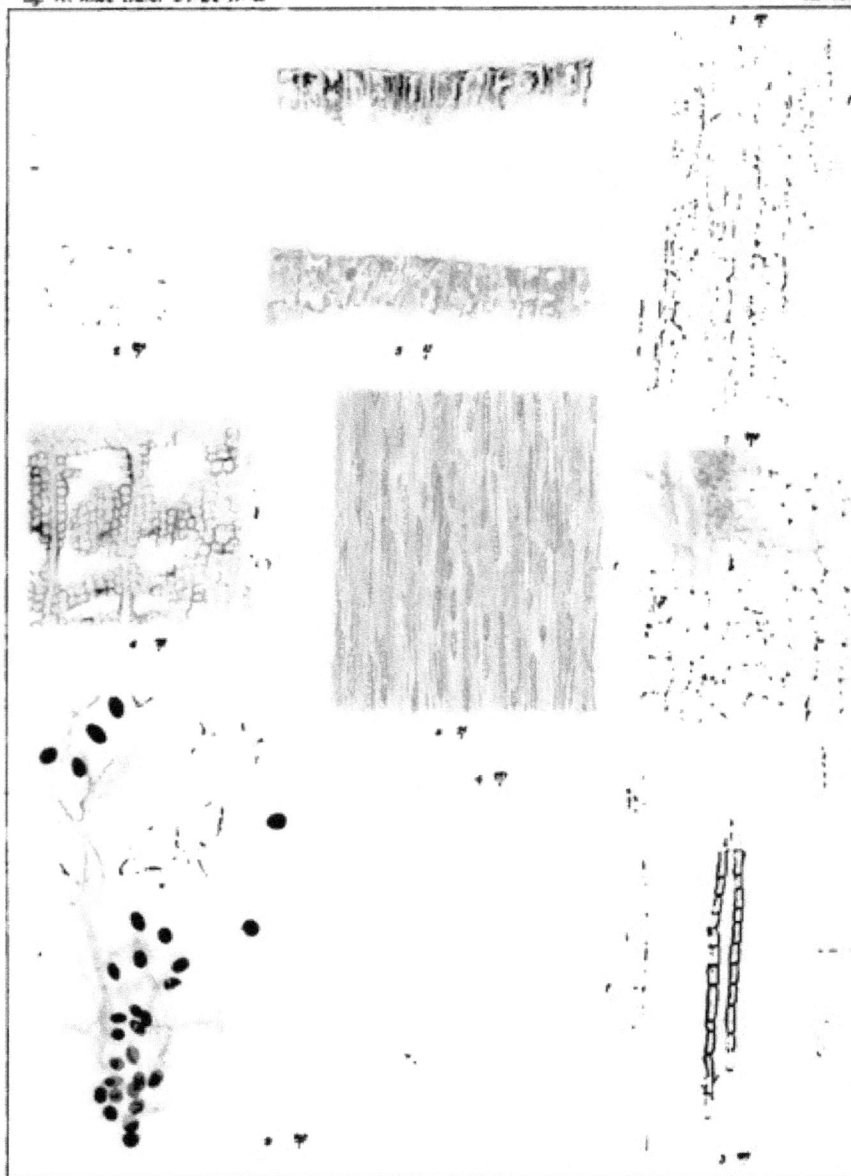

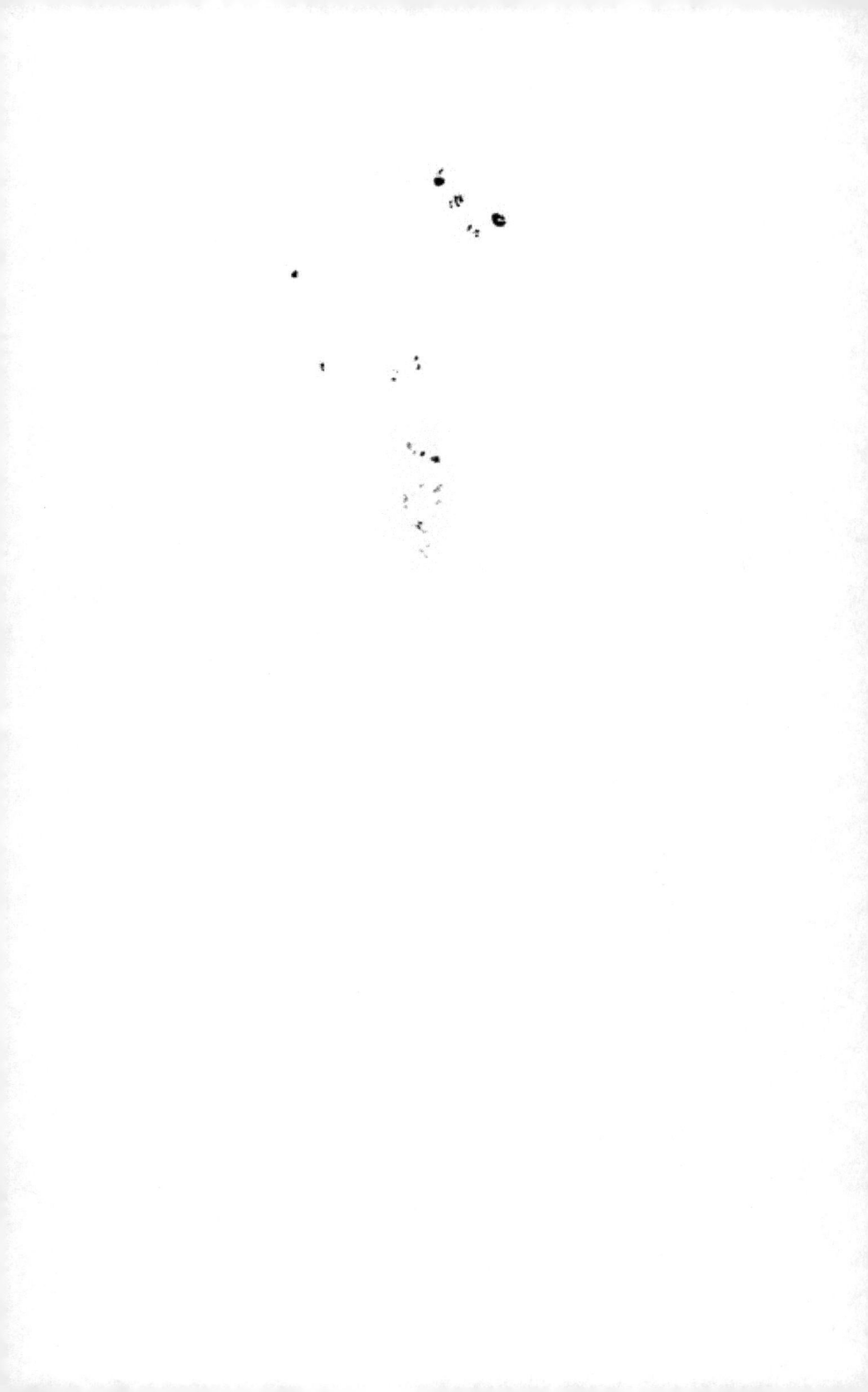

TAFEL VIII.

TAFEL VIII.

Holma-Sandstein.

Cedroxylon Ryedalense Conw.

Fig. 1. Tangentialansicht eines zersetzten Holzes. ($\frac{15}{1}$).
Die Saprophytenhyphen sind gewebeartig mit einander verflochten.

Sequoites Holsti Nath. nom. tant.

Fig. 2. Horizontalansicht des Holzes. ($\frac{18}{1}$).
b. durch Schwund entstandene Lacken.
3. Horizontalansicht einer Lücke im Holzgewebe. ($\frac{75}{1}$).
b. Markstrahlen. i. Tracheiden, deren Membran in Auflösung begriffen ist.
4. Radialansicht eines zersetzten Holzes. Die Tracheiden sind theilweise molirt; von den Hoftüpfeln ist bisweilen nur die Ausmündungsöffnung (h) übrig geblieben. b. Markstrahl. ($\frac{45}{1}$).
5. Radialansicht eines stark zersetzten Holzes. Die primäre Wand der Tracheiden ist aufgelöst und die secundäre in der Richtung der Spiralfaser zersetzt. ($\frac{15}{1}$).
6. Radialansicht einer Markstrahle mit verschiedenartigen Tüpfeln. ($\frac{245}{1}$).
7. Tangentialansicht des Holzes. ($\frac{18}{1}$).
b. einschichtiger. b' zweischichtiger Markstrahl, ohne Harzgang.
Die kleinen dunklen Körper sind Magnetit-ähnliche Krystalle.

Geschiebe-Hölzer.

Cupressinoxylon von Hamra.

Fig. 8. Horizontalansicht des Holzes, mit zahlreichen Saprophyten, g. ($\frac{18}{1}$).

Rhizocupressinoxylon von Ekharp.

Fig. 9. Radialansicht des zusammengetrockneten Holzes. ($\frac{18}{1}$).
b. Markstrahl; in der Wand der Strahlenzellen haben sich, von den Tüpfeln ausgehend, Risse gebildet. l. Harzführendes Holzparenchym.
10. Tangentialansicht einer stark zersetzten Partie. ($\frac{245}{1}$).
b. Markstrahl. g. Hyphen von Saprophyten. g'. Spur einer Hyphe.

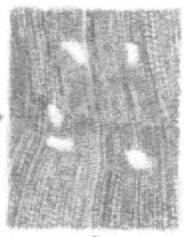
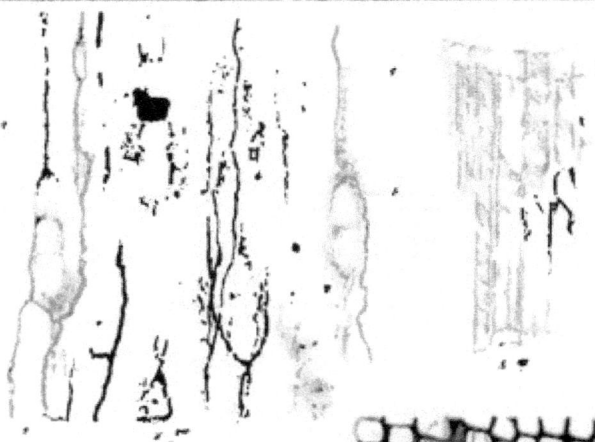
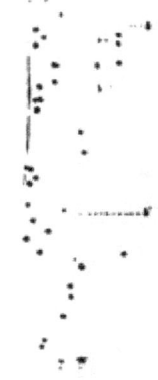
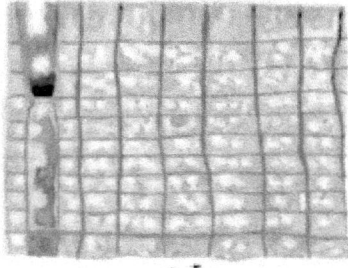
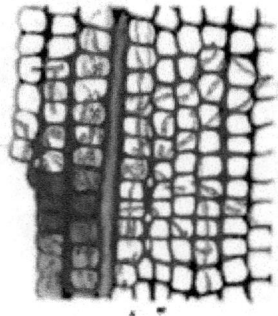

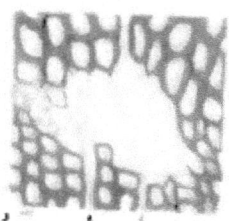
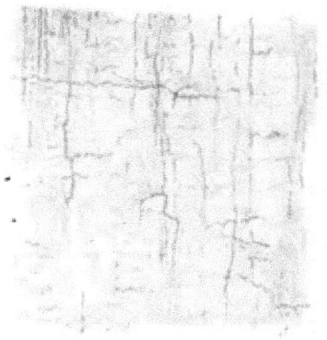

TAFEL IX.

Geschiebe-Hölzer.

Rhizocupressinoxylon von Ebberp.

Fig. 1. Radialansicht eines von Pilzen angegriffenen Holzes. In Folge der vielen Bohrlöcher erscheinen die
Wände der Tracheïden siebartig durchbrochen. b. Markstrahl. (^{1}^{2}^{0}).

2. Dasselbe. (^{2}^{0}).

3. Tangentialansicht einer stark zersetzten Partie. (^{2}^{0}).
b. Markstrahlen. g. Saprophyten. l. Harzführendes Holzparenchym.

Rhizocupressinoxylon von Kivik c.

Fig. 4. Horizontalansicht eines gedrückten Holzes. Die Wände der Tracheïden haben nach innen Falten
gebildet. (^{1}^{0}).

5—6. Zellgruppen aus vorigem Schliff. Die Membranen benachbarter Tracheïden liegen entweder fast
zusammen oder sind auseinander gewichen; sie bilden flach gewölbte oder scharf zugespitzte Falten
in das Lumen hinein. (^{1}^{0}).

7. Radialansicht mit (i) Faltenbildung in einer Tracheïde. l. Harzführendes Holzparenchym. (^{2}^{0}).

8. Tangentialansicht mit (i) Faltenbildung in einer Tracheïde. b. Markstrahlen. (^{2}^{0}).

Cupressinoxylon von Hörte.

Fig. 9. Tangentialansicht eines von Parasiten (f) angegriffenen Holzes. Die primäre Wandung der Tracheïden ist aufgelöst und die secundäre zeigt eine Polyporus mollis-ähnliche Zersetzung. (^{2}^{0}).

10. Einzelne Tracheïden in demselben Zustande. Die Hyphen (f) sind theilweise geschrumpft.

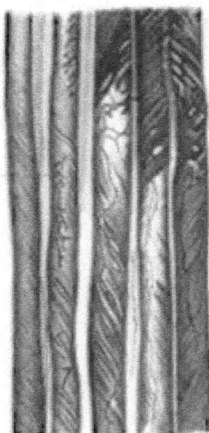

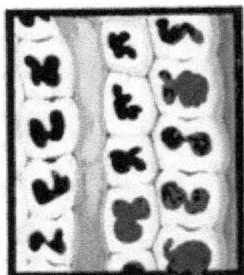

TAFEL X.

TAFEL X.

Geschiebe-Hölzer.

Rhizocupressinoxylon aus dem südlichen Schonen.

Fig. 1. Horizontalansicht eines zusammengetrockneten Holzes. (^{1}^{0}).
 h. Markstrahl mit feineren und gröberen Rissen in der Wand der Strahlenzellen.
 2. Tangentialansicht des Holzes. (^{1}^{0}).
 h. Markstrahlen, in einzelnen Stockwerken zweischichtig. l. Harzführendes Holzparenchym.
 · 3. Partie aus vorigem Schliff. (^{1}^{0}).
 h. Markstrahlen; S. Falten der Wand der Strahlenzellen. c. Radialtupfel. c'. Tangentialtupfel.

Coniferenholz von Nordanå.

Fig. 4. Radialansicht eines durch Schwefelsäure gequollenen Braunkohlenholzes. Die Membran der Tracheiden zeigt spiralige Streifung und hat sich stellenweise in der Richtung dieser Spiralen getrennt. (^{1}^{0}).

Cupressinoxylon von Möllerskolm.

Fig. 5. Radialansicht des Holzes. (^{1}^{5}).
 h. Markstrahlen. m. Tracheidenendigungen, reichlich mit Hoftüpfeln bekleidet.
 · 6. Radialansicht einer zersetzten Partie. (^{1}^{0}).
 f. Hyphen parasitischer Pilze.
 7. Tangentialansicht. (^{150}).
 h. Markstrahlen. c. Radialtupfel. c'. Tangentialtupfel.
 8. Tangentialansicht einer zersetzten Partie. (^{1}^{0}).
 h. Markstrahlen. l. Harzführendes Holzparenchym. m. Secundärwandung der Tracheiden mit Polyporus mollis-ähnlicher Zersetzung.

Cupressinoxylon von Tormarp.

Fig. 9. Horizontalansicht eines durch Schwefelsäure gequollenen Braunkohlenholzes. (^{1}^{0}).

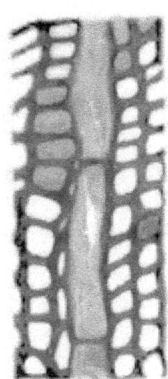

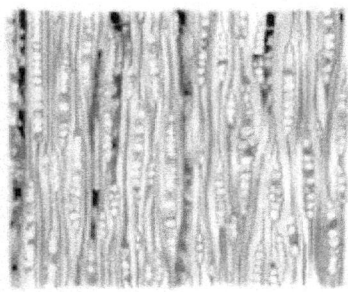

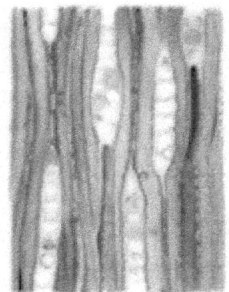

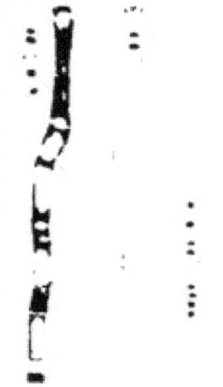

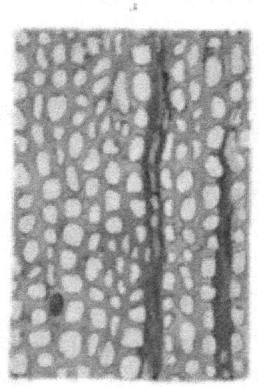

TAFEL XI.

TAFEL XI.

Geschiebe-Hölzer.

Palmacites Filigranum STENZ.

Fig. 1. Horizontalansicht des oberen Theiles des in Taf. V, Fig. 6 abgebildeten Holzes. (¹).
a—a' nach der Rinde gewendete Seite; bei a' unebene Bruchfläche; d radial von innen nach aussen gerichtete Fläche; i nach innen gerichtete Seite.

2. Theil der Aussenfläche bei d; radiale Bruchfläche. (¹).

3. Theil der Aussenfläche bei a, nach der Rinde gewendet. (¹).
lb nach den Blättern austretende Leitbündel.

4. Theil des Querschnittes der Fig. 1. (⁵⁄₁).
p, p' bogenförmig geordnete Leitbündel

5. Partie aus voriger Figur. (¹⁰⁄₁).
b—b'' innerste Reihe der Bastzellen eines Leitbündels. g. Gefässe, m'—m'', grosse farblose Zellen des Grundgewebes. s—s'. Sklerenchymbündel. s—s'. Sklerenchymscheide des Holzkörpers.

6. Innerer Theil eines Leitbündels. (³⁰⁄₁).
b. innerste Bastzellen. g. Gefässe. v. Sklerenchymzellen der Scheide des Holzkörpers des Leitbündels.

7—11. Umrisse verschiedener Leitbündel mit heraustretendem Holzkörper und ziemlich gut erhaltenen, verschieden grossen und geordneten Gefässen. (⁵⁄₁).

12. Längsschnitt durch die äussersten Sklerenchymzellen des Bastes eines Leitbündels und das angrenzende Grundgewebe; m. grosse Zellen des letzteren. (¹⁰⁄₁).

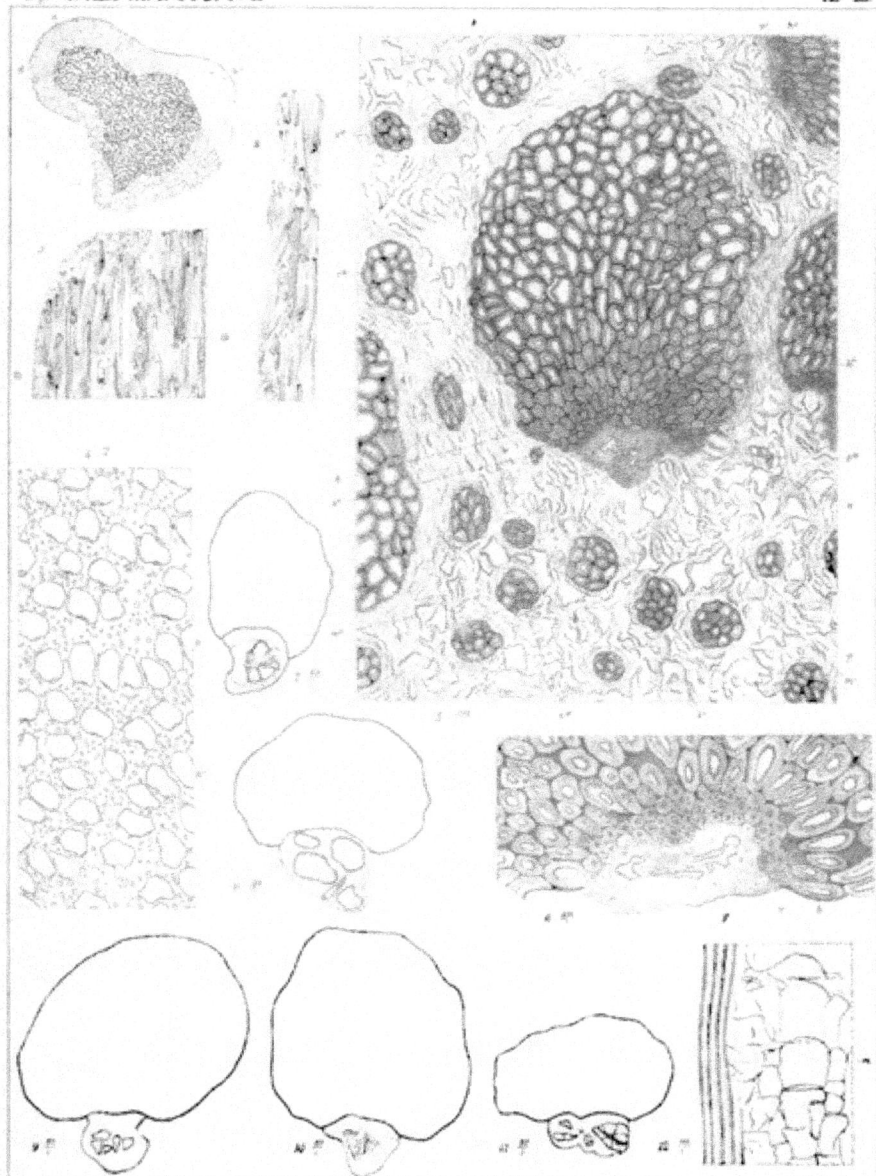

www.ingramcontent.com/pod-product-compliance
Lightning Source LLC
Chambersburg PA
CBHW021936190326
41519CB00009B/1035